PSYCHOLOGY

印象心理学

OF IMPRESSION

"心理学与脑力思维"编写组 编著

中国纺织出版社有限公司

内容提要

日常社交中给别人留下好的印象，对每个人来说都至关重要。印象不论好坏都难以抹去，所以见面不讨人喜欢的人通常不具备良好的交际能力。利用印象心理，可以帮助你找到一份好的工作，也可以帮助你结交许多志同道合的朋友，甚至会帮助你遇见一段良缘。不管处于哪种情境中，印象都是我们社交过程中的一个重要部分。

本书围绕印象心理学展开详细论述，结合大量的真实案例，细致分析印象心理学在实际社交过程中的应用，并对印象的心理特征进行解读，帮助读者了解在日常社交场合中怎样表现才能给人留下好印象，赢得交际主动权。

图书在版编目（CIP）数据

印象心理学／"心理学与脑力思维"编写组编著. -- 北京：中国纺织出版社有限公司，2024.7
ISBN 978-7-5229-1564-7

Ⅰ.①印… Ⅱ.①心… Ⅲ.①心理学—通俗读物 Ⅳ.①B84-49

中国国家版本馆CIP数据核字（2024）第056669号

责任编辑：柳华君　　　　责任校对：王蕙莹
责任印制：储志伟　　　　责任设计：晏子茹

中国纺织出版社有限公司出版发行
地址：北京市朝阳区百子湾东里A407号楼　邮政编码：100124
销售电话：010—67004422　传真：010—87155801
http://www.c-textilep.com
中国纺织出版社天猫旗舰店
官方微博 http://weibo.com/2119887771
天津千鹤文化传播有限公司印刷　各地新华书店经销
2024年7月第1版第1次印刷
开本：880×1230　1/32　印张：7
字数：120千字　定价：49.80元

凡购本书，如有缺页、倒页、脱页，由本社图书营销中心调换

前言

生活就像是一个巨大的戏剧舞台,每个人都在其中扮演着某个角色。当然,我们大多数人并非天生就是成功者,作为一个普通人,我们又该如何扮演自己的角色,便于我们更好地融入这个大舞台呢?这就需要我们学会一些印象心理策略。

世界上最高峰为珠穆朗玛峰,第二高峰为乔戈里峰。世界上跑得最快的人是牙买加的尤塞恩·博尔特,其次是牙买加的约翰·布雷克。太阳系里体积最大的天体是太阳,其次是木星。上述例子中,人们往往只知道第一,而不知道第二。人们总是只关心最前端的事物,这就是印象心理学中的首因效应。印象心理,指刚交往时形成的印象对以后关系的影响,也就是"先入为主"带来的效果。尽管这些印象并非总是正确的,不过却是最鲜明、最牢固的,并且决定着以后双方交往的进程。

《周易》云:"君子藏器于身,待时而动。"日常社交中,我们要时刻把自己的本领、才能准备好,遇到合适的社交场合就要好好展现出来。当我们面试、见客户、见重要人物时,都会特别注意自己的形象,毕竟,给别人留下良好的印象十分重要。想要在日常社交中给人留下良好的印象,除了要注意自己的外在形象,还要特别注意从我们嘴里说出来的话。有时一句话就决定了这次谈话是否能够顺利进行，就能帮对方判断你这个人是否值得交往，所以，说对话也十分重要。一次好的自我推销会拉近社交场合中人与人之间的关系，能够决定未来双方是否还会再联系、再合作，而自我介绍是否新颖、独特、吸引人，直接决定了自我推销的效果。

想要学会如何给人留下好印象吗？想要在社交场合游刃有余、令人印象深刻吗？想要一句话就令人产生亲近感吗？那么，就翻开本书，一起来学习吧！

编著者

2023年8月

目录

第一章　首因效应，第一印象影响人际关系的成败 ~ 001

穿衣打扮，定义属于你的形象 ~ 002
品位制胜，你的打扮决定你的形象 ~ 005
注重小饰品搭配，提高自身魅力 ~ 007
提高形象管理，为你的社交印象加分 ~ 011

第二章　应酬心理，让你临场发挥游刃有余 ~ 015

当众讲话时措辞要符合自己的角色 ~ 016
常见的商务宴请及宴请礼仪 ~ 020
做好准备往往是临场发挥的关键 ~ 023
日常应酬中必知的说话技巧 ~ 026

第三章　两性交往，学习如何给异性留下好印象 ~ 029

你若盛开，蝴蝶自会飞来 ~ 030
不宜过分亲昵，男女交往别越界 ~ 034
巧妙搭讪，让对方好感度爆表 ~ 038

第四章 肢体语言，利用无声的语言留下好的印象 ~ 041

别让不礼貌动作出卖了你的形象 ~ 042
握手礼节，留下好的第一印象 ~ 046
微笑是给人留下印象最好的方法 ~ 049
好的沟通者一定懂得眼神交流 ~ 053
SOLER 模式，助你建立初见好印象 ~ 057

第五章 言为心声，表达心意是印象提升的必修课 ~ 061

改变乡音，让你的声音更有魅力 ~ 062
修炼完美音色，让你以声夺人 ~ 065
话不在多，在于将意思传达到位 ~ 069
练习发声，让声音洪亮底气足 ~ 073

第六章 互惠原则，遵循人际交往中的跷跷板定律 ~ 077

"特殊对待"，往往能带给你满足感 ~ 078
赞美他人，别人才会越来越喜欢你 ~ 081
人际关系从来都是一面镜子 ~ 085
熟记名字，更容易抓住对方的心 ~ 089
学会用小礼品俘获他人的心 ~ 092

第七章　求职心理，巧妙在面试竞争中崭露头角 ~ 097

有些小细节，可能会毁掉你的面试 ~ 098
面试应对，做心里有底气的候选人 ~ 101
面试时做好心理调整，避免过分紧张 ~ 105
回答问题简洁明了，更容易折服考官 ~ 109

第八章　气场效应，修炼独具特色的个人气质 ~ 113

勇于表达观点，收获不一样的自己 ~ 114
心理学法则：第一印象为什么重要 ~ 117
谦虚是美德，但别过分低调 ~ 120
善于推销自己，才能出奇制胜 ~ 123

第九章　幽默定律，诙谐有趣是最高级的魅力 ~ 125

真正有趣的人心胸开阔 ~ 126
幽默让你在第一时间博得他人好感 ~ 128
整天哭丧着脸，没人会喜欢 ~ 130
巧打圆场，营造和谐氛围 ~ 133
为人不世故，善自嘲而不嘲人 ~ 136

第十章　礼仪心理，文明的言行让人如沐春风 ~ 139

亲昵的称呼，拉近彼此之间的距离 ~ 140
良好的礼仪，让你更受欢迎 ~ 144
懂得察言观色，为人处世面面俱到 ~ 147
注重仪容仪表，塑造良好形象 ~ 151
保持距离，成年人最舒适的社交法则 ~ 155

第十一章　焦点效应，让自己成为人群中的亮点 ~ 159

社交高手一定要主动出击 ~ 160
打扮亮眼，在人群中脱颖而出 ~ 162
利用对方的好奇心，让他对你产生好印象 ~ 165
一分钟吸引人的自我介绍 ~ 168

第十二章　晕轮效应，放大亮点快速提高吸引力 ~ 171

注意交际细节，让你备受欢迎 ~ 172
利用晕轮效应，有好名声才能成功做事 ~ 176
打造个性标签，让你与众不同 ~ 179
小小坏习惯，会毁了你的形象 ~ 182

第十三章 南风效应，做事的风度就是做人的温度 ~ 185

温暖待人，才会被温柔以待 ~ 186
与人相处，用真诚打动对方 ~ 189
找到对方感兴趣的"共鸣点" ~ 193
随和的人往往有更多的朋友 ~ 196

第十四章 热忱效应，用饱满的热情去敲开他人的心扉 ~ 199

征服其心，善用热忱打动对方 ~ 200
行胜于言，让对方感到你的体贴关心 ~ 204
学会用热情去感染别人 ~ 206
学会让沟通升温的聊天术 ~ 210

参考文献 ~ 213

第一章

首因效应，
第一印象影响人际关系的成败

人们会根据见面后的最初几秒或几分钟，迅速对他人作出判定，这种最初的印象对人影响很大。因此，我们在日常交往过程中，尤其是与别人初次见面时，要注意衣着、体态等，让良好的印象留在对方心中。

穿衣打扮，定义属于你的形象

我们在社会上生活，可以说是有着双重身份的。第一重身份，包括你的姓名、性别和年龄等这些自然属性；而当你进入某一个机构工作时，你的职业身份就成了你的第二重身份。虽然你的第二重身份是后天的，但是它往往会比你的第一重身份更受人关注，因为它反映出你的社会价值。例如，客户在与你打交道时，他要看你是什么职务、负责什么业务，他要看你给他留下的印象是不是与你的职业身份匹配。

如果不想成为同行的笑柄，你的服装必须合体；如果不想让同行或客户鄙视，你的服装必须庄重；如果不想让人看出你的性格或爱好，你的服装必须是保守的、得体的。也许你所在的公司并没有要求员工统一着装，也没有要求女士一定要着简洁的套装、男士一定要着干练的西装，但是这适度的开明不代表公司可以容忍员工像行为艺术家一般来随意装扮自己。身为企业员工要懂得维护职业形象，特别是那些经常跟客户接触的人，更不能穿得太过随意。

每个人都希望有自己的个性，即使在穿衣打扮上，我们也希望能够有属于自己的独特风格，最好能够使人眼前一亮且印象深刻。但是这种单纯的想法使很多人走入了穿衣打扮的误区，特别是在一些严肃场合，如果过于追求个性，反而过犹不及。

我们在日常工作生活中经常会发生一种印象错位：我已经穿得够昂贵、够档次，为什么还是得不到相应的认可？最可能的原因，是我们对自己的形象定位出现了偏差。若我们与人们期待中的角色形象不一样，在人们心里的印象分就会迅速下降，你的发展空间会变小。

穿着打扮虽然属于个人爱好，但能反映你的习惯和性格特征，因而也能将一些有关你的"非语言信息"透露给别人。如果你的穿着一直十分端庄、保守，别人就会认为你是一个拘谨、严肃的人；如果你的穿着时髦，跟着潮流不断变换花样，别人就会认为你是个性格活跃、开放的人；如果你衣冠不整、不修边幅，别人就会认为你是个不拘小节、邋遢不羁的人，或者是个潦倒的人；如果你一贯衣冠整齐，每件衣服都熨得笔挺，那别人就会认为你是个非常细心、讲究细节的人。到底怎么穿才会得到更好的印象分呢？一句话，要符合你的身份和所处的环境。

小柯在2017年初入职了一家规模相当大的日资企业，之前她在美国的一家软件公司上班。小柯刚入职的那天天气很好，她经受不住温暖的阳光和鸟语花香的诱惑，穿了一条破洞牛仔裤上班。然而，她一进办公室，她的日本上司眼睛里就显出了诧异。下班的时候,她那个有些秃顶的上司提醒她"注意身份"。穿条有设计感的牛仔裤就是不注意身份吗?小柯有些不理解,她原来的那家公司,只要能完成自己的本职工作,你爱怎么打扮都行。如果一个男士天天西装革履,人家反而会认为他是个"怪物"!但是,在仔细观察上司和周围同事的着装后,小柯有些醒悟了:自己的这条牛仔裤的确和公司严整的氛围不符。第二天,她换了一套深色的西装裙,才有了找到组织的感觉,上司看她的眼光也平和多了。

为什么一些地方不接受不修边幅的男士和标新立异的前卫女士?并不是这种不修边幅和标新立异很"丑",而是因为,你的上司和同事,也包括你们公司的客人,看着你的打扮不习惯且不舒服,他们觉得你穿这种张扬的服饰是一种对别人的不尊重。其实,在职场上,不管你是新人还是老人,都得注意自己的第二重身份。因为,对外,你代表的是公司的形象;而在公司内部,只有符合形象定位的穿衣打扮才更容易得到其他同事的接纳。

品位制胜，你的打扮决定你的形象

在人与人的交往中，我们随时都在品评和考察新结识的朋友，同时，对方也在考察我们。一般来说，人们倾向于选择什么样的人作为自己的朋友或者合作者呢？当然，最好他身家清白、性格忠实且才华出众，但是这些方面需要长期考察，以此为选择标准，有些时候，对于生活节奏飞快的现代人来说并不合适。这时候，通过第一印象判断就成了主要手段。人们往往会认为包装精美、价格偏高的商品质量过硬，同样，眼前这个人如果有一身得体的行头，大家也会对他的内在实力产生浓厚的兴趣。

一个具有内在魅力的人要在人际交往中取得成功，就需要准确地利用第一印象的首因效应，要注重对自己外在特征的修饰，如谈吐举止得当、穿着打扮有品位等。这样能给对方留下好印象，从而为对方进一步了解你打下基础。而当对方深入了解到你的内在魅力与第一印象相符合时，你就会在交往中收获到意想不到的硕果。

人们对于着装得宜的人和不讲究仪表的人，感觉是完全不同的。西方有许多大公司对所属雇员的装扮都有"规格"要求，所谓的规格，自然不是指定要穿得怎么好看或指定面料，而是指"观感"的水准。这一点，在世界各地也都一样，如我国的几家大型保险公司的业务员，他们在向人们推销保险的时候是不会穿得不伦不类的。无疑，人们对穿得整齐有品位的人，总是较有信赖感的。

当我们慨叹没有人了解自己、没有人知道自己的才干时，我们首先应当自问："在平时的工作和生活中，我的外在形象和言行表现是否与自己所期待的自我价值相符？"西方有句名言："你想在明天成为大人物，今天就要做得像个大人物的样子。"若要闻达于天下，其中的大道就是突出自己的优势，以优势谋发展。

事实上，一个人的人格魅力同他的智力、受教育程度一样，是与他的前途息息相关的。在实际生活中，我们常常发现这样的情况：许多相貌堂堂、举止优雅的人，比起那些聪明而博学的人，更容易迅速地获取他人的好感。由此，我们可以得出：对人彬彬有礼，穿着整洁，举止文雅，是一个人家庭修养和个人修养的表现。你与身边的人相互尊重，你才有成长和发展的空间。

当然，一个人必须不断提高自身的内在素质，才能使自己由内而外散发出魅力，才不至于成为一个空有外表而没有内涵的人。一个没有内在魅力的人，即使外表包装得精美，求得了良好的第一印象，但这也绝不可能长久。所以，我们在以外在形象收获他人好感之后，应该多强调自己的内在美，并懂得如何发挥这些内在优点。

注重小饰品搭配，提高自身魅力

一个人给人的印象如何，是受多种因素影响的，如一个人的内在涵养和素质，外在的仪表、服饰、行为动作、地位和角色等。这些因素的差异以及个体能否在交往中巧妙灵活地运用这些因素，会直接影响到一个人的魅力，影响沟通的程度和效果。因此，要想拥有自己独特的魅力，除了发挥自己的智能外，还必须通过某些特定的方法塑造一个成功的自我形象，从而提升你在人群中的影响力，为你的人生和事业增添色彩。

第一印象一旦形成，就会成为你的个性标签，因此你要珍惜这仅有的一次机会。在平时，要自我修炼，勤于观察自己，找到适合自己的服饰风格，适时展现自己的气质和风貌。

那些演艺明星或者是位高权重的人，身后总会有一家公司、一些专业人士为其提供形象策划。那么，我们这些普通人呢？我们也要工作、生活，也要得到社会的认可，也要随时随地展示自己的最佳形象。没有专门的策划方案也无妨，借助几种小道具，也可以为自己的形象增添光彩，提升印象指数。

最简便的小道具，无过于书籍。在职场，我们要展示的是自己的专业形象。大家可能都有这样的感觉，我们去医院看病，如果西医的办公桌上放两本硬壳的外文专著，中医的案头放两本线装古籍，我们大都会肃然起敬，放心地把自己交到他们手里。

李扬毕业于一所著名的工科大学，学的是通信工程专业，学业优秀。走上社会之后，李扬在一家IT大公司干了几年，在这几年的职业生涯中练就了出色的工作能力，也学习到了相关的管理和运营知识。他感觉时机成熟，毅然辞职，决定下海经商。

李扬和几位志同道合的朋友成立了一家专门承接外包业务的公司。他觉得，凭他们的水平，从几大运营商那边找活干完全不成问题。可是，李扬过分依赖技术，而忽略了公司的"门面"问题。因为他刚刚自立门户，客户对他缺乏信任，再加上一群不修边幅的工科男凑到一起，狭小的办公室里也弄得一团糟，愿意和他们合作的人实在太少。李扬的公司举步维艰，一年到头，也仅仅是勉强维持生计而已。

李扬终于意识到在大公司搞技术和自己当老板要求完全不同，不做改变是不行了。于是他重新在繁华的商业区租了一套房子，又买来一套上档次的办公家具，精心布置一番，办公室顿时气派不凡。接着他请来专业的培训师，对下面的业务员进行了强化培训，一扫他们邋遢懒散的作风，使整个公司面目一新。另外，他也把自己认真地包装了一番，笔挺的西装、精制的公文包，一看就给人一种精明强干的感觉。终于，他公司的生意越来越好，影响力也越来越大。

所以说，好形象是人生的一种资本，充分利用它不仅能给你的日常生活添色加彩，更有助于你走向成功。这不是鼓励你通过外在的东西去欺骗，而是让你借助外在的力量把你的实力展现给世人。在形象设定上，国际知名服装设计师有以下几条忠告。

（1）不要佩戴领带夹、领徽等多余饰品。

（2）选用金属表，优质真皮或金属表链。黄金表看起来优于白金表。虽然白金表也很高雅，但易与银表和不锈钢表混淆。

（3）金丝边眼镜比塑料边的儒雅，不要选粗、厚、宽的塑料框架眼镜。

（4）腰带要与皮鞋同色，腰带扣形状要简洁，不要把大字符的商标符号显露在外。避免使用品牌设计太显眼的附件。

（5）选用国际公认规格的公文包，放弃"砖头"包。选用深棕色或黑色的牛皮或羊皮包。外表杜绝一切花纹图案和文字，花哨意味着低品位。不要用背肩式、夹式或箱包式的皮包。

（6）买一支优质的金属墨水笔。不要用廉价的塑料圆珠笔。

另外，我们常用的名片也属于一种自我包装的小道具。

名片上的头衔称谓，就是一个人在社会上所属位置的概括。那些成功者的名片上，总会有三两个有分量的职位，有自己的公司名称，或者是在某个学院、某个民间组织的兼职，总之，凡是能给自己增光的，决不会有所遗漏。对普通人来说，别嫌虚伪，也别嫌俗套，老老实实地把能表明自己身份的东西都注明了，总的原则，是就高不就低，宁肯被当成一个商业社会的大俗人，也不能让人没印象。

提高形象管理，为你的社交印象加分

心理学研究发现，与一个人初次会面，第一印象会在45秒内建立，而最初的3~5秒给对方留下的印象是最深刻的。不要小看这短短的几秒钟，别人对你这个人的基本判断和评价都由此而来。

俗话说"先入为主"，第一印象就如同在一张白纸上写下的黑字，写下了就难以再抹去。不管我们愿意与否，第一印象总会在人的感觉和理性的分析中起着主导作用。别人会根据我们的外表和举动推断我们的内涵，我们也通过观察别人的外表（包括长相、身材、服装、言语、声调、动作等）来判断他们。所谓"一看他就知道他是一个什么样的人"，说明了第一印象在人的社会活动中起着不可替代的作用。

刘总是从事建筑行业的商人，在业内他一向以思维缜密、眼光精准著称。有一次，他手里有一个大项目，要对两家公司进行考察。两家公司在实力、报价、质量等方面都不相上下，但他最后选择了与第二家公司合作。有人问他选择的标准是什么，刘总回答：是软实力。

在去两家公司考察的时候，刘总发现，第一家公司从经理到业务人员的表现都不够专业，说话不严谨，遇事喜欢拍胸脯；而第二家公司则不同，连派来的司机都是整齐的衬衫西裤，言谈举止彬彬有礼，一副训练有素的样子。刘总认为，如果连一个司机都仪容整洁，那么证明这个公司是各方面都已经走上轨道的成熟型公司，管理规范，工作效率一定非常高。

在"高科技等于高接触"的现代社会，人们没有更多的时间去详细地了解一个人，只有你给人的第一印象好，你们才有可能开始进一步的交往、合作；而一个糟糕的第一印象，则会令你失去很多潜在的机会。

在与人交往时，形象就是你的代言人，一个人的外在形象对第一印象形成的影响是不可估量的。

要说哪一档节目在全国人民心目中有着不一般的影响力，那就是《新闻联播》了。《新闻联播》的播音员，也因此被称为"国脸"。

《新闻联播》主播的选拔有很严格的标准，除语言功底、专业学历等基本条件之外，对相貌也有特定的要求。虽然并不要求"国脸"们英俊、美丽，但一定要舒服耐看，而且眼睛一定要有神，整体印象一定要端庄、严谨、大方。因为主持人的外表条件会直接影响到受众对节目定位的理解。从20世纪50年代以来，几代《新闻联播》播音员都是相似的短发造型，即便是女播音员也留着清爽的短发。从某种意义上来说，他们代表着中国，同时代表着这个国家成熟、自信、沉稳的形象。

无论是在政界、商界还是其他任何行业，形象的重要性都不言而喻。现代社会的成功人士，都以形象干练、精神饱满为荣，在他们的带动下，其手下不同级别的职员们也都不会对形象掉以轻心，都会尽量使自己一眼看上去就够得上精英的水准。

有句话叫作"每个成年人都要为自己的样貌负责"，在印象心理学中，外在形象是一个复合的概念，先天条件很重要，但更重要的是一个人的穿着品位、精神面貌。你应时时都把自己最好的一面展现给人看，以最佳的精神状态工作，这不但可以提升你的工作业绩，还可以给你带来意想不到的收获。因为良好的形象是你责任心和上进心的外在表现，这正是老板或者客户期望看到的。很多成功的职业人士，越是疲倦的时候，就越有精神，不会让人看出他们有丝毫的倦意。他们工作起来依旧神情专注，走路时依然昂首挺胸，与人交谈时面带微笑，一副轻松的样子，这样的人，自然会让人觉得是积极向上、值得信赖的人。

很多时候，周围的人会根据你的形象来分辨你的心情或精神状态，从而考虑是否与你交往合作。一个人的外在形象，反映出他特殊的内涵。倘若别人不信任你的外表，你就无法成功地推销自己了。良好的第一印象不一定能保证你成功，但糟糕的第一印象往往预示着你的失败。

第二章

应酬心理，
让你临场发挥游刃有余

我们每个人都可能遇到对自己来说非常重要的场合，如新岗位的第一次亮相、备受关注的公开发言等。如果你冒冒失失闯入其中，"演砸"的概率是很大的。相反，如果准备工作做得扎实，知己知彼，那么，在相应的场合，自然有相应的对策能给人留下良好的印象。

当众讲话时措辞要符合自己的角色

心理学家曾做过一个有趣的问卷调查，问题是："你最恐惧的是什么？"调查的结果令人大跌眼镜，"死亡"这件如此让人恐惧的事情竟排在了第二，而"当众讲话"却高居榜首。相较于做其他事情，有41%的人觉得当众讲话是最恐惧的事情，甚至比死亡更可怕。同样的调查在大学里也做过，结果有80%～90%的大学生对当众讲话很是恐惧。由此可见，在公众场合讲话，感到恐惧和胆怯是一种很普遍的现象。

高海是一个普通的农家子弟，高中毕业后参军入伍，在部队服役两年后考上了军校。毕业后回到原部队时，他已经是中尉副连的待遇，前途一片光明。

高海回家探亲时，适逢村里的小学新校舍建成，落成典礼上，几乎全村人都跑来庆贺。村委会主任看到人群里的高海，就大声宣布："现在，让这个小学里的老学生、我们的'大军官'上来说几句！"乡亲们一片叫好，掌声十分热烈。高海却是脑袋"轰"的一声，然后就一片空白。他从小性格腼腆，很少站在人前讲话，这几年虽说在部队和军校得到了一些锻炼，但这一直是他的弱项，也是他最为难的地方。现在被逼到不得不讲了，没办法，他只好咬咬牙走上台去。

望着下面黑压压的人头，听到耳边一阵阵的声浪，高海更是紧张得手心出汗。他咳嗽了两声，终于说出："今天这事儿是在村委会和众位乡亲的共同努力下完成的，这是一件大好事……"然后就卡壳了。乡亲们一阵善意的哄笑，让高海脑子嗡嗡响，不知道下一句该说些什么，只好鞠了一躬，说了声"谢谢大家"，就匆匆忙忙地逃下场去了。

这件事对高海触动很大，他的目标是做职业军人，就现在这种状态，在以后的训练、动员、总结、汇报等大大小小的事务中，自己如何能得到下级的认可和上级的赏识呢？他决定改变自己，把当众演讲的能力也当作一项军事任务来抓，争取在最短的时间内以一种崭新的面貌出现在大家面前！

有的人只会做不会说，一站起来发言就结结巴巴、脸红心跳；有的人在私下里和人交流并无障碍，可一到大庭广众之下就紧张，越着急越讲不顺溜，这对他们的生活和事业都产生了负面影响。其实当众讲话没有那么难，许多人畏惧当众讲话，往往是没有理解演讲的实际意义，给自己定了一个过高的标准。如果不是职业的演说家，完全不必强求自己在台上表现得慷慨激昂，遣词造句无懈可击，你只是需要进行一番明确的、连贯的讲话，表达出你想表达的内容就成功了。

在一家企业的总工程师竞聘会上，一位老工程师先走上台来发表自己的演讲。他在介绍自己时，不仅详细介绍了自己大半生的经历和获得奖励的情况，还把重点放在当年建厂创业的艰苦上。老工程师的确为企业奉献了青春、作出了贡献，但是这些老生常谈的话题让下面的听众听得昏昏欲睡。在说到措施时，他又一条条事无巨细地介绍，听起来好像什么都说了，但又听不出他到底说了些什么。

老工程师下去后，另一位中年工程师上台。他围绕"如何提高工艺水平，增加效益"这一中心问题，讲得有情有理、头头是道，赢得了大家的热烈掌声，给人们留下了深刻印象，最终使自己竞聘成功。

当众演讲不是一门曲高和寡的精致艺术，不是必须谨遵修辞法则与优雅的演讲方式，我们完全可以把当众演讲看成一种扩大式的交谈。在演讲中，我们需要树立的最佳形象不是指外在的，而是指内在的，也就是通过自我暗示，把一个自卑的"我"塑造成最佳自我形象的过程。聪明的演说者会抓住自己欲扮演"角色"的最佳自我形象，并且能完全进入"角色"中，以与"角色"最相称的语言和情绪出现在"舞台"上。因为他们自身的气质中早已具有那个"角色"所应有的魅力。

很多演讲的内容虽然是你熟悉的，但听讲的人你未必都了解，因此还须专门下功夫搞点调查研究。例如，听众们对你的演讲内容最关心、最感兴趣的是哪一点？听众中不同意见的讨论焦点在哪里？最涉及听众切身利益、最能打动听众的问题是什么？俗话说，到什么山唱什么歌，只有了解并针对不同听众的口味,才能在设计演说稿时做到有的放矢。此外,如有必要,还应进一步了解对手的情况,分析自己与之相比较,优劣长短各在何处,知己知彼,以便在演讲中扬长避短。

常见的商务宴请及宴请礼仪

对于每个现代人来说,"今天我有个饭局"都是常说的一句话。人们在交际过程中,已经越来越多地发现了饭局的作用。的确,饭局的重点不在"饭"而在"局",有许多原本陌生的人,通过一次融洽的饭局,成了经常联系的朋友。所以,探索一下饭局中的奥妙,有助于我们人际交往的成功。

吴峰出身农村,他刻苦努力,升学考研一路走来,最终拼出了自己的一片天地。在一家工民建企业服务多年后,他自主创业,成立了一家小公司。

既然已经自立门户,就免不了和各方人士打交道,吴峰的饭局也多了起来。但是,吴峰有个多年艰苦生活养成的习惯——对吃不那么讲究,他约的饭局大都是在他办公室楼下,一是节约时间,二是节约费用。

有一次,他约合作单位的人吃饭,把饭局定在了办公室附近的一家火锅店。说实话,这家店食材新鲜,口味也不错,但是火锅店那特有的带有各种底料味儿的热气熏蒸不是每个人都受得了的。这一次的客人是一男一女两个业务员,男士倒也罢了,那位穿着米白色真丝衬衫、妆容精致的女士,被这儿的麻辣火锅弄得汗水淋漓，甚至脱了妆，根本就没有心思谈事情。

几个月下来，吴峰的另类饭局在圈子里出了名，大家明里暗里嘲笑声一片。

吃饭事小，饭局事大，我们不但需要通过饭局来展示自己的实力，同时，也要在饭局里体现出自己的层次和修养。

尚未建立长期关系的合作伙伴，在沟通交流的时候很可能会显得生疏。因此，想让宴请双方轻松自如、渐入佳境，首先要有一个舒适的宴请环境。对于未来客户，尤其是不了解他对你将会有多大的价值时，你可能不大愿意为宴请而抛重金，如对待重要客户一样讲究档次和排场。但是，在宴请的安排上，档次也不能过低，或者为了节约费用而选择环境差、卫生标准低、交通不便的场所。

商务宴请要注意：

（1）用餐环境上要符合商务宴请的档次。一般来说，四星级酒店的餐厅、咖啡厅是很保险的选择。

（2）保证交通的便捷。所选餐厅的位置最好有利于客户出行。

（3）餐厅的舒适度很大程度上取决于餐厅的服务质量，选择时应当注意，不能选那种要个餐巾纸也得喊半天的餐厅。

因为工作的关系而需要经常在饭局中应酬的人，可以在单位附近找两三家不同档次的饭店，每次根据请的客人的情况，就近安排在这几家固定的饭店。这样既不会因每次都要临时绞尽脑汁地找地方吃饭而耽误时间，又可以跟饭店建立长期的关系，在价格上获得优惠。更重要的是，经过长期考验的饭店，除非有特殊情况，如换了厨师等，通常菜品不会出现大的问题。

要想在酒桌上左右逢源，得到大家的赞赏，你就必须学会察言观色，这样才能演好酒桌上的角色。为了使餐桌有高兴愉快的气氛，要尽量选择一些轻松愉快的、无害的、简单的话题。切忌向对方提出一些必须放下手中餐具才能回答的严肃问题，也不要向对方提出一些必须长篇大论或花较长时间才能回答完的问题。

当然，如果是事先约好在餐桌上边吃边谈，或者是对方主动地开始谈话，这就另当别论了。但除此之外，最好还是谈一些有关菜的味道或各地风土人情之类的话题。总而言之，餐桌上的话题应以闲谈聊天为主。除了公司内部的事情，客户公司的趣闻，或是社会热点、关注话题、行业动态、八卦新闻等，都可以成为饭桌上的谈资。

既然饭局贵在"局"上，吃不是重点，那么，你就要尽量创造良好的气氛，把自己锻炼成一个长袖善舞的应酬高手。

做好准备往往是临场发挥的关键

害怕陌生人、陌生场合这种心理，我们大家都会有。然而，仔细想想，我们的朋友哪一个不是曾经的陌生人呢？

产生恐惧心理的重要原因之一就是缺乏交往实践和成功的交往感受，对此，需要加强交往实践训练，广交朋友，在实践中克服紧张和恐惧的弱点，而对此最有效的就是对自己进行"心理暗示"。

每当到一个陌生场合，感到有可能紧张、恐惧的时候，就暗示自己镇静下来，什么都不去想，把面前的陌生人当作自己的熟人。同时，你不妨转换一下思维，回忆一下曾经与他人交谈时内心的激动，就会明白：能够结识一位新朋友，确实是一件令人感到愉快的事情。

如果你还担心自己发挥失常、不能尽如人意，那么，可以尝试在接触一个人前先打探好对方近来的生活情形，据此便可对症下药，不致说了不恰当的话。

有位女演员在刚出道时并没有什么名气，常常没有工作可做，她曾经多次去试镜，以图在电视节目和广告里出演。

为了增加成功机会，每次有人找她商谈拍片的事，她都会事先上网查阅相关资料，看看有没有介绍那个片子的导演、制片人和主角的文章。凡是能够找到的材料，她都仔细阅读，熟悉那些将要上镜头的人和幕后的人。这样，她在面试的时候就能谈出较多的想法，从而显得与众不同。

她在参加面试之前，对于怎样表达自己的想法、怎样梳妆打扮、穿什么衣服、表情和姿势如何以及怎样给人一种精力充沛的印象，每一项都细心作准备。她希望与遴选演员的导演谈话时能表现得更友善、热情而充满自信。

她曾经是默默无闻的小配角，但是现在她已经是圈内口碑超好的大明星。

我们在参加重要活动之前，如果活动中有素未谋面的人，应先查阅一些有关对方的资料或是向他人询问一些对方的事，先做初步的了解。在发问时，对方会因为你对他的专门知识有所了解而对你产生好感，乐于与你谈话。当然，也许你所准备的资料不会完全用上，但这至少表示了你对对方的尊重。

某县县长在一次下乡视察时，发现很多农民没有采用县农技站推广的花生新品种，而是准备种植往年那种产量很低的品种。于是县长做了实地调查，发现农民们对新品种不了解，心里没有底，觉得还是种旧品种保险。于是，县长向农技站的技术员详细了解了新品种的各种情况，在接下来召开的农民代表大会上，县长先是语重心长地说："我理解你们的心情，你们是担心种子的品质，害怕花了钱投资，却肉包子打狗，有去无回……"县长的话还没有说完,农民代表们都笑了,他们从县长朴素的话语里体会到了真诚、理解和信任。接着农民代表们纷纷发言,询问新品种的种植、抗病虫害、亩产量等各种问题,县长都一一解释清楚了。

于是,农民代表纷纷表示回家后要购买新品种,不再采用种了多年的老品种了。对于这位一心为民办实事的县长,他们也是心悦诚服。

与人会谈之前,只要用心一些,就完全可能弄清对方的生活情形、掌握第一手材料。这个简单的程序的的确确能为交谈与合作带来极大的好处,我们可以通过它掌握谈话的主动权,有的放矢,言中要点。

日常应酬中必知的说话技巧

在什么场合说什么话，是人们在长期交际实践中总结出来的经验。场合就是谈话的社会环境、自然环境和具体场景，具体场景又涉及谈话的时间、空间及周围环境。它们虽然无言，却在言语交际中起着不可低估的参与和影响作用。谈话双方对话题的选择与理解、某个观念的形成与改变、谈话的心理反应以及交谈结果，无不与场合有直接联系。这就要求我们在谈话时必须估计场合影响，并有意识地巧妙利用场合效应。

越是在大规模、高层次的场所，你越可能经常听到那种看似平淡、实则大有深意的"外交辞令"，这时候就需要让脑子高速运转起来，理解对方的弦外之音，然后采取恰到好处的回应。

委婉说话不仅是一种策略，也是一门艺术。我们可以通过以下几点提升自己语言的水准。

1. 间接提示

通过密切相关的联系，"间接"地表达信息。

2. 留有余地

不要把话说绝了，使自己失去回旋余地。

3. 比喻暗示

通过形象的比喻让对方联想，从而领会你所要传达的意图。

4. 旁敲侧击

不直接切入主题，而是通过"提醒"让对方明白你的意图。

5. 不用祈使句，多用设问句

祈使句让人感觉是在发布命令，而设问句让人感觉是在商量，所以后者更容易让人接受。

在不必要、不可能或不便于把话说得太明白时，利用合适的社交辞令，可以让你的语言表意更有"弹性"。

第三章

两性交往，
学习如何给异性留下好印象

初次交往的异性之间，有一种天然的吸引力，也有一种天然的紧张感。要给对方留下美好的第一印象，我们要以亲切而不过分亲昵的态度拉近距离，为以后的愉快交往打下良好的基础。对于心仪的异性，可以大胆搭讪，不动声色地展现你的优点，以"被动"唤起对方的主动。

你若盛开，蝴蝶自会飞来

无论男性还是女性，在寻找恋爱对象的时候，都有着自己的综合考虑。虽说现在是"看颜"的时代，在街头、酒吧等场所，人们爱和外表惹眼的异性搭讪，但是这不表示他们在经过周详的考虑、要为自己寻找一个固定伴侣时，也以"颜值"为第一选择标准。

我们生活的这个世界上，每一种选择都是双向的，女人在挑选男人，男人同时也在挑选女人。当一个女人不再是对未来充满幻想的少女时，想必已对那些急急忙忙投简历、找工作的毛头小子不感兴趣。同样，那些已经拥有一定的事业基础、有房有车、正处于人生上升期的男人，也不会愿意把自己的时间精力都花在一个只是看起来不错的小女孩身上。

辛月所学的专业是天体物理，如今已经二十九岁的她在一家天文研究所工作。她工作时间除了教书就是学习、研究，但休闲时间里和普通的女人一样，喜欢看书、看片、听音乐，很少跟人谈起自己的工作。除非有人好奇，一定要让她讲个究竟，她才会简明扼要地讲一些最基本的东西。她的讲述既吸引人，又满足了大家的期待。也正是她口里的那些术语，征服了在场的一个律师。他很喜欢她身上表现出来的理科女特有的镇定、沉着与思辨力。

她捕捉到了他的好感与赞许，于是在谈论自己的事情时，总会将目光投向他，期待他的反应。后来，两个人终成眷属。当他被人问起怎么会娶一个这么高智商、别人眼中的"第三人类"时，他说："我很难享受和那些只会咯咯傻笑的女人的谈话，交谈时，我希望自己的另一半能说出有建设性的观点。如果她既漂亮又有趣，我愿意跟她到任何地方。"

在男女情爱中，最普遍的真理是男人的动物性强一些，女人的植物性强一些，蝶恋花是正道，花追蝴蝶，就有点力不从心了。所以，聪明的女人，是不动声色地展现自己吸引力的女人。

杰奎琳·肯尼迪没有绝世的美貌，但她是美国人心中最美的"第一夫人"，她以高贵的气质、优雅的举止、独立的个性，赢得了世人的仰慕。

当年杰奎琳通过工作关系认识了比自己大12岁的约翰·肯尼迪，从家世到性格，肯尼迪对女人都有着致命的吸引力，可以说是王子中的王子。

杰奎琳算不上传统意义上的美女，皮肤黝黑、眼距稍宽的相貌特征令她极富异国情调，过高的颧骨和略宽的脸型流露出坚定的意志和果敢的气质，这种美女是独一无二的，更是让人不可抗拒的。

但是，认识肯尼迪以后，杰奎琳对肯尼迪显得漠不关心，甚至有些冷淡。她十分巧妙而又有意识地和他保持距离。对肯尼迪来说，像杰奎琳这样的女人还是第一次遇到，这个女子引起了他的兴趣。他的笔记中曾经这样写道："杰奎琳，看起来比我遇到过的其他年轻女人更有头脑，对生活目的有深刻的认识，而不是只炫耀自己的美丽。"

每天，杰奎琳在肯尼迪的办公室里上班，在工作中她是他的得力助手，但是，她屡屡拒绝肯尼迪的单独约会邀请。后来，当肯尼迪终于把杰奎琳追到手的时候，他觉得这比他在政界的任何一次胜利都令他欣喜。

男人就是这样，你越高高在上，他就越顶礼膜拜；你越不冷不热，他越迎难而上；你越神秘，他越好奇；你越被动，他越主动。

女人最忌讳的是变成路边的野花，迎风点头笑，谁都能伸手摘得。这是自行贬值，再美也是枉然。对男人，女人一旦抱着"你喜欢我，我便感激不尽"的心态开始了第一场约会，把自己降格为一朵野花，那么，除了招蜂引蝶，不会有更好的结果。

女人要成为一朵高贵的玫瑰，首先要有玫瑰的作风。

成功男士需要爱情，但他需要的爱情一定要有分寸，因为，女人的爱人是男人，成功男人的爱人是事业。如果你是一个爱上成功男人的女性，那么，建议你和他真诚、坦率地交往，就像和其他朋友们一样，不必太拘谨，也不必太"有目的性"，更不可走入死缠烂打的误区。

在衣着装扮上，穿适合你风格的衣服才是最重要的。如果你拿不准自己属于什么类型或者喜好总是在改变，那么走淑女路线最为稳妥。清淡优雅的颜色，简约的款式，最能体现出女性的修养和自信。切不可为了吸引他的目光而把自己装扮成一只开屏的孔雀，并不是所有的男人都喜欢女明星那样耀眼的光彩。所以，在你决定以暴露、夸张的装束给对方一个注意你的理由时，你最好有百分之百的把握——那正是他所欣赏的装束。否则，他会认为你是一个缺乏自信、品位不高的肤浅女子。

那些性格开放，喜欢主动向异性示好的女孩，乍看起来是很受男人欢迎的，但是她们的地位也仅仅停留在"受欢迎"的层面而已。男人对于自己费尽千辛万苦追到的女孩，才会倾注更深的感情。

不宜过分亲昵，男女交往别越界

在人类社会中，异性相吸、同性相斥的心理是普遍存在的。有研究表明，在只有男性或女性的由单一性别组成的公司，人们不仅易疲劳，工作效率不高，而且不容易集中精神，时常呈现出一种无精打采的状态，会出现情绪低落、头晕、烦躁、心慌等症状。

类似的情况还发生在宇宙进行空间工作的宇航员中。最开始的时候宇航员都是男性，长时间在脱离社会交往的密闭容器里进行航天飞行。他们当中的多数人都会出现头晕、心烦、心慌、呕吐等症状。这些症状被人称为"宇航员综合征"。后来医生建议，在宇航飞行中搭配上一名女性宇航员，结果，男性宇航员的上述症状不药而愈。

在异性之间，有一种天然的好感，人们常说"男女搭配，干活不累"，说的就是这个道理。相互不排斥，彼此留下好印象的基础就十分稳固了，我们所要把握的，只是一个亲切而不过分亲昵的尺度。

对男士来说，在与异性打交道时可以采取主动热情的姿态，一旦这种做法成为习惯，你就会变得更加洒脱自然，你的朋友会越来越多，事业也会越来越好。

阿峰是一家保险公司的业务员，有一天他去拜访本市一家物流公司的老总，想从这里承揽部分车险业务。物流公司的前台叫戴小悦，阿峰要想见到老总，必须先过她这一关。

第一次拜访时，阿峰是一副公事公办的口气，他说："小姐，能不能帮我跟你们老总通报一下，我有事情要和他谈。"

戴小悦虽然只是个小小的前台，但像阿峰这样的业务员见多了，她知道他和公司并非正常的业务关系，见不到老总很正常。于是戴小悦一点面子也不给，只说道："对不起，今天李总吩咐不见客。"

第二天，阿峰又来了。他带来公司的几种定制小礼品，请她分发给同事们试用。然后，他认真地看了看她胸前的名牌，说道："呀，戴小悦，我们也算熟人了，以后就叫你小悦好了。小悦，我今天有重要的事情得跟李总谈，请转告一声。"说完后他热切地看着戴小悦。戴小悦这次变得非常爽快，立刻带他去见了老总。

在与女性打交道时，如果你采取公事公办的刻板态度，那么给对方的感觉就是你始终和她保持着一段距离，她自然也会保持距离。如果换一种亲切友好的态度，自然就能营造出和谐的氛围，这会迅速拉近彼此之间的距离，加深双方之间的感情。

女性与异性交往的最佳分寸，是既不泯灭你的性别特征，又不令人产生误会，以免引起麻烦。

晓静是做小家电生意的，她的店铺开在热闹的商业区，四周都是同行。大家低头不见抬头见，表面上嘻嘻哈哈，其实心里都憋着一股劲儿。一天，晓静以"拜访邻居"的名义，来到对门与老板聊天。在谈完各自读过的学校和彼此的兴趣爱好后，她把话题转移到生意上，表示自己初来乍到，摸不着门路，心里很没底儿。于是，那位年轻的男老板主动谈了他自己的一些想法，讲得非常详细。晓静不时地插进一些诸如"哦，是这样""啊，您这个想法真好""我怎么就没想到这一点呢"之类的话。等他们的交谈结束时，她已经学到了不少经验，而且从此两个人还成了关系不错的朋友。

随着时代的发展，现代女性非但不应该扮演冰山美人、板着脸孔，反而应该善用与生俱来的女性魅力，和异性和平相处，并在和谐的气氛中凭着本身的实力和才干求得出人头地的机会。

值得注意的是，以自身的性别魅力化解矛盾、加强联系，属于正常的社会交往，但是，你的行为绝对不能太"出格"。

那么，应该怎样与异性交往呢？

1. 自然交往

在与异性交往的过程中，言语、表情、行为举止、情感流露及所思所想要做到自然、顺畅，既不过分夸张，也不闪烁其词；既不盲目冲动，也不矫揉造作。消除异性交往中的不自然感是建立正常异性关系的前提。自然原则的最好体现是,像对待同性那样对待异性,像建立同性关系那样建立异性关系,像进行同性交往那样进行异性交往。

2. 正常交流

故意卖弄自己的见识、叽叽喳喳讲个不停,或在争辩中强词夺理不服输,都是不被人喜欢的;当然,也不要太沉默,老是缄口不语,或只是"噢""啊",哪怕此时面上带笑,也容易使人扫兴。

3. 留有余地

即使是结交知心朋友,在异性交往中,所言所行也要留有余地,不能毫无顾忌。例如,谈话中涉及两性之间的一些敏感话题时要回避,交往中的身体接触要有分寸等。特别是在与某位异性的长期交往中,更是要注意把握好双方关系的尺度。

一个人心态越好,精神生活就会越丰富,亲和力也就越强,心理发展就越平衡。只要你的亲和力动机纯正,你就会赢得许多朋友,就会在人生的道路上一帆风顺。

巧妙搭讪，让对方好感度爆表

每个单身的男女，在生活中随时都可能遇到让自己心仪的异性。他或者她可能是某个社交场合的偶遇者，也可能就是你相亲的对象。那么，我们应该如何开启"好印象模式"，让对方也同样喜欢和我们交往呢？

如果只是偶然相遇的人，在搭讪的时候就不能操之过急。初次交往时，彼此都会存有一定的戒心，这便形成了双方沟通的一个最大的障碍。如何打破这种障碍，就成了交往能否顺利进行下去的一个决定性因素。一般来说，初次见面的寒暄可以算作交往的一种基本礼貌。然后你可以在寒暄中有意无意地插入一些能够吸引对方的话题，走进他的内心世界，如此，障碍也就在无形中消除了。

小陆在一次商务酒会上和杨柳相遇，他对这个美丽而略带腼腆的姑娘很有好感。他们站在吧台前，等着点酒。小陆说起了餐馆里面的艺术品，并开始征求杨柳的意见。他告诉杨柳自己的看法，并问她是否有什么艺术爱好。他接下来还问了她的个人兴趣。杨柳觉得和小陆谈话很舒服，就开始问他同样的话题。小陆说自己实际上是个画家，每天都在工作室度过。杨柳觉得很有意思，就问起小陆的工作情况。小陆说尽管他不是拿这个来赚钱，但还是卖过几件作品，最近还办了一个展览。

小陆先向杨柳了解情况，然后自然地告诉她自己的情况，显得自信而有魅力，并且，他把自己的优点也渐渐展现出来了——艺术方面有才华。杨柳还发现，在他们谈论艺术的时候，小陆并没有打断她的谈话去谈自己的艺术才华，这也是一个优点！所以，谈话结束后，杨柳觉得小陆有很多值得欣赏的地方，她想和他进一步交往。

人与人交往的过程是慢慢展开的，当别人从我们的外貌、衣着中对我们有了初步的判断后，那么我们应该很明确，要让对方对我们感兴趣，就要让人看到自己的优点，让别人去欣赏我们。例如，一些小小的夸奖、耐心地倾听等，要让对方能感受到你的真诚，喜欢上和你谈话，并把你们之间的谈话视为一件快乐的事。这样你才能进一步表现自己，让对方了解到你身上有许多被人喜欢的优点。这样才能使彼此的关系得到好的发展。

谈恋爱，最关键的是谈，只有通过谈，彼此才能把丰富的思想、复杂的情怀、微妙的心声妥帖地表达出来。如果你不知道与陌生的异性谈什么才好，不妨从以下4个方面试试看。

1. 围绕事业追求，寻找话题的"闪光点"

事业是一个人安身立命的根本。任何一个对事业勤奋努力、对人生追求不怠的青年人，一旦与人谈起工作、人生方面的话题，都会神采飞扬。因此，紧紧抓住这方面的一些"闪光点"去挖掘话题，一定会聊得热火朝天。

2. 围绕兴趣爱好，寻找话题的"共鸣点"

每个人都有自己的兴趣爱好，即使一个再沉默寡言的人，只要与人谈起自己的兴趣爱好，也会口若悬河。然而，初次见面时，你还不知道对方的兴趣爱好是什么，这怎么办？不要紧，不妨先谈谈你自己的兴趣爱好，来个抛砖引玉，然后在彼此的兴趣爱好里寻求共鸣点，以此增加了解和深化感情。

3. 围绕环境氛围，寻找话题的"着眼点"

环境氛围是一个变化、随意性较强而又具有丰富内涵的话题，它不是逢场作戏般的风花雪月、无病呻吟，而是通过抓取话题来折射出一个人的思想观念、品德、智慧、为人处世等方面的水平和品位。可以这样说，一个善于观察事物、分析问题、处理矛盾的人，只要把寻找话题的着眼点放在环境氛围上，话题就会取之不尽用之不竭。

4. 适度地夸赞对方

适度地夸赞对方也是成功的秘诀。不过，明显的逢迎拍马是行不通的。至于对方的长相和身材，最好避免在第一次约会时就称赞。如果你是男性，就称赞对方的发型、服装装扮、气质与众不同；如果你是女性，就称赞对方的学识、技术或者是所使用的名牌打火机、佩戴的领带等的品味不凡。

茫茫人海中，能相逢就是缘分，初识就产生好感，这更是缘分中的缘分。大胆地去搭讪、去交流吧，别让本来可能抓住的幸福从手心里悄悄溜走。

第四章

肢体语言，
利用无声的语言留下好的印象

现实中，我们大多数人是以直观迅速的方式去理解别人的肢体语言的。在形成第一印象的因素中，身体语言的重要性仅次于外表的吸引力。为了保持良好的形象，即使在面部表情、肢体动作等细节上，我们也要经得起考究。

别让不礼貌动作出卖了你的形象

很多人身上总有些下意识的小动作，而当你和人面对面接触时，这些小动作就会被无限扩大，他们都会猜测你的小动作所透露出来的意义：紧张、说谎、个人习惯等。这样一来，他们可能会认为你不诚信，或者心理素质不好，最低限度，也会认为你不懂得社交礼仪、修养不够。因此，我们可以毫不夸张地说，那些看似不经意的小动作会大大影响你在别人心中的印象。

小肖是一家建筑设计公司的行政助理，她的老板姓江，是位知识分子型的企业家。江总不但能力强，个人修养也很好，小肖一向很敬佩他。

一次，小肖陪江总约见一位客户，他们在茶楼边品茶边商谈合作事宜。相谈正欢时，茶楼的一位服务员送点心上来。他们点了三份茶点，这位服务员忙中出错，只送了两份上来。那位客户见此情形勃然大怒，一边拍桌子一边埋怨茶楼怠慢客人，把那个年轻的服务员吓得除了连声道歉再也说不出别的话来。

喝茶聊天的过程中，那位客户跷起二郎腿，一边轻轻抖动着，一边唾沫横飞地大讲自己的创业史。江总倒是非常平静，陪客户聊着天气和时事。回到公司后，江总让小肖终止与这位客户的会谈，另找合作伙伴。小肖不解，江总说："他遇事太冲动，不像是能稳住大局的人，如果我们与他合作，可能会因为一些小事磨合不好而节外生枝。只看他的举止，就知道他的素质。双方理念不合，合作起来太困难了。"

每当看到那些小有成就却形象猥琐或乖戾的人时，我们都免不了替他们觉得惋惜，不能改善形象的成功就不是成功。这样的人只能成功地做成某些事，而形象魅力十足的人则会成就他自己。形象不佳的人只会惹人嫉恨，拥有美好形象的人才会受人拥戴。

也许你会说：哦，幸好我没有什么不雅的小动作！真的是这样吗？正所谓"当局者迷，旁观者清"，一般人都很难发现自身存在的问题，所以，一些自认为没什么大碍的小动作也就被自己认可了；再加上平日里谁也不会为了一个小动作而跟你较劲，这样，就给了那些下意识的小动作生存的空间。但是，在关键时候，这些小动作往往会坏事。所以，要想纠正自身的问题，就要对这些小动作引起重视。

首先，整体姿态要好。从小，师长们就教导我们要坐有坐相、站有站相、走有走姿。坐要如钟：自然放松，看似简单，其实大有讲究。无论如何坐，其关键点在于腰不要松懈，另外就是膝盖并拢，防止走光。站要如松：正头、开肩、挺胸、立腰、收腹，挺直膝盖。如果在比较随意的场合下，可以在双腿保持不分开的状态下，身体重心左右移动；或是更轻松一些的场合，可以双腿交叉，也可稍微分腿，但膝盖要收回来。行要如风：正头、开肩、挺胸、立腰、收腹，在整个脚掌完全落地的瞬间，膝盖务必要挺直。特别要注意的是缩下巴，闭上微张的嘴，调整不自觉呈八字的脚尖，收回你不自然乱舞的手臂，端正你左顾右盼的眼神。

和人面对面交谈时，切忌食指对人。有一些人，发起火来就像是一架战斗机，一激动就会用手指着别人的鼻尖。这是非常不礼貌的行为。此外，用手里的东西去对着别人的脸也是极其不好的行为，如拿笔指着别人、拿筷子指着别人等。咂嘴和抖腿，也是常见且让人厌恶的小毛病。有的人吃饭的时候咂嘴，喝汤的时候啧啧作响，这些声音都会引来他人的侧目，是十分不雅观的举止。有这些习惯的人一定要多加注意，否则会让你的形象大打折扣。还有很多人都有抖腿的习惯，它好像能使人上瘾，不抖不舒服。但是，从心理学上来讲，这是一种病态的动作依赖。从你的个人形象上来讲，抖腿也是一件非常不雅的事情。

此外，还有频繁地眨眼睛、舔嘴唇、身体不停地摇晃、捂嘴巴、摸鼻子、抓头发、挠痒痒、敲桌子、乱晃话筒等小动作。总之，五花八门的动作都有。这都是由于平时不注意所养成的不良习惯。有人平日里不注意自己的言行举止，觉得说一句不合适的话或者是做一个不合适的动作也没有什么，大不了以后不做就是了。可是，若你每次都有这样的心理，时间久了，就会形成习惯。有些时候，这些不好的习惯会在不经意间蹦出来，或者是因为条件反射，不自觉地就做出来了。所以，要想让这些下意识的小动作不粘在自己身上，就要养成良好的生活习惯。众目睽睽之下，一个灿烂的微笑可能会为你赢得意想不到的好感，一个不经意的小动作可能会破坏你辛苦营造的良好形象。

握手礼节,留下好的第一印象

如今,握手几乎成为全世界共享的一种肢体语言。与人初次见面,熟人久别重逢、告辞或送行等,均以握手表示自己的善意。这是最常见的一种见面礼、告别礼。一些特殊场合,如向人表示祝贺、感谢或慰问时,双方交谈中出现了令人满意的共同点时,双方原先的矛盾出现了某种良好的转机或彻底和解时,习惯上也以握手为礼。

握手是一种礼节,它又不仅是一种礼节那么简单。远古时期,两个陌生人相遇,为了表示没有敌意、没有武器,于是互相摸手,后来逐渐衍化成今天的握手。握手虽然只是一个简单的动作,但里面蕴含了丰富的意义。

握手,是最常见的一种形体语言,它已发展成为交际的一个部分。握手的力量、姿势与时间的长短往往能够表现出握手者对对方的态度,显露自己的立场,给人留下不同印象。我们可通过握手了解对方的个性,从而赢得交际的主动权。

美国著名作家海伦·凯勒写道:"我接触的手,虽然无言,却极有表现力。有的人握手能拒人千里,我握着他们冷冰冰的手指尖,就像和凛冽的北风握手一样。也有些人的手充满阳光，他们握住你的手，使你感到温暖。"握手时既轻且时短，是冷淡、不热情的表示；紧紧相握、用力较重，是热情诚恳的表示，或有所期待的反映；力度均匀适中，说明情绪稳定；握手时拇指向下弯，又不把另四指伸直，表明不愿让对方完全握住自己的手，是对对方的一种蔑视；握手时手指微向内曲，掌心稍呈凹陷，是诚恳、虚心、亲切的象征；用两只手握住对方的一只手，并左右轻轻摇动，是热情、欢迎、感激的体现；一触到对方的手立即放开，是冷淡和不愿合作的反映。

握手的时候，最基本的礼仪是离座起身，带着和善的微笑向对方走近，伸出右手，四指并齐，拇指张开，握着对方的手掌。为了握得牢固而适当，大拇指与食指之间的地方必须与对方同一部位相接触。握手时用力要适当，不能使劲握着不放，还要注意避免急速、敷衍地握手，否则会显得你缺乏自信。

握手礼仪的顺序，一般应遵循"尊者决定"的原则，即根据握手双方的社会地位、年龄、性别和宾主身份来确定有无必要握手。因为握手往往意味着进一步交往的开始，如果位尊者不想与位卑者深交，他是大可不必伸手与之相握的。换言之，如果位尊者主动伸手与位卑者相握，则表明前者对后者印象不错，而且有与之深交之意。不顾原则、率先"出手"，只会令你适得其反。

握手只是一个小小的礼节,而你却可以利用它更细致地了解对方,更得体地表现自己,给人留下好印象,这是我们在社交中不可忽视的一个关键环节。

微笑是给人留下印象最好的方法

对于第一印象，有一项心理学研究显示，人们喜欢或厌恶一个人，其中有55%的印象来自视觉（大多是脸部表情），另外有38%来自于音调，而剩下的7%则来自语言。而这些因素在第一次见面的几秒之内就已经被定性。那么，什么样的面部表情能最直观地传递一个人的热情友善呢？答案当然是微笑。

为了给人留下良好的第一印象，很多人在参加聚会之前都非常重视自己的服装仪容，在临行前总要将头发梳得一丝不乱、鞋子擦得一尘不染，唯恐因为随意的服装搭配而失了礼数、丢了颜面，让别人看不起。但是人们却很少注意到个人的面部表情，也几乎忽视了微笑对好印象所产生的影响。其实，有时候，微笑比仪容更重要。仪表堂堂，衣装考究，表现的是个人的品位；而微笑，则代表着一个人真诚友善的态度。而且后者更容易被人接受，给人留下美好的印象。

有一位著名的心理学家做了一项实验。他在一间空旷的房间里，挂了几十张人物的头像，这些头像有老人，也有年轻人和天真的儿童，有男性也有女性，还有不同种族的人。然后心理学家邀请了一百位志愿者，让他们从这些头像中选出最喜欢的人来。结果有3张头像受到大多数人的欢迎,这3张头像不是其中最美的,但是它们有一个共同的特点,那就是头像上的人物都露出了最美好的笑容。志愿者在做选择的时候并没有一定的标准,但是,他们看到这些"微笑头像"的时候,心情是轻松的、愉悦的,不知不觉中就受到了感染,喜欢上了这些头像。

在现实生活中,工作、职位、房子、爱情,各种压力一轮接一轮,使人们变得心浮气躁,几乎忘了微笑是怎么一回事。你可以留意一下周围的人,在公交车上、办公室里,甚至是公园和影剧院中的人,他们中至少有一大半人的脸孔是绷得紧紧的。在生活的重压下,在大家都忘记了怎么笑的时候,微笑的表情就显得异常可贵。

阿翠是一名下岗女工,失去工作时已经快四十岁了,她学历不高,又没有一技之长,于是她在家附近的一个小区租了间小小的门面,开了个卖日用品的便利店。

阿翠的小店只有三十多平方米,她的优势就是她很强的亲和力。她把店面收拾得干净整洁,每天微笑面对顾客,对于常来买东西的人,她总会不紧不慢地唠几句家常,她的小店从内到外都给人一种亲切稳定的感觉。顾客愿意来,生意自然不错,周围这几家杂货店,就数阿翠的小店最红火。

生意忙不过来,阿翠就招了两个服务员一起干。对待员工,阿翠也把她的亲和力发挥得淋漓尽致。谁不小心做错了事,阿翠就轻声细语地指出来,有时候一起外出送货,也是开开心心，唱着歌去，唱着歌回。阿翠的小店，从老板到服务员，每天都笑意盈盈，周围的居民有事没事都愿意去转转。阿翠的收入，自然也是水涨船高。

和蔼可亲的表情、言语会给人带来好运。你成功与否，并不在于你拥有什么、你是谁、你处于何种地位、你在做什么。只要你笑口常开、和善待人，就能获得别人的信任和爱戴。越是急着发展、急着赚钱，越不能一脸急切与苦恼地面对这个世界。你的浮躁落在观者的眼里，就是没有底气、没有能力的表现。而成功者的笑意，即便不形之于外，他们心里的微笑和坦然也会自然而然地流露出来，成为他们表情的基调。

一个真心的微笑，不管是从脸上看到的或从声音里听到的，都是与人交往时一个很好的开端。因为这等于在告诉你："我喜欢你，你使我很快乐，我很高兴能见到你。"从某种意义上讲，微笑是无价之宝，不仅能让你建立良好的人缘，更能给你带来获得成功的机会。

是不是从内心发出的笑，只要留意眼睛和全身即可得知。不自然的笑或有目的的笑，通常是嘴角堆着笑，而眼睛里却没有笑意而且身上也没有很和悦的反应。告诉大家这些笑容的小秘密，并不是要大家控制自己的笑容，相反，这是想告诉大家，在对他人微笑时，一定要发自内心。并且，如果你是个不爱笑的人，你一定要多加练习。心理学家认为，如果你对他人微笑，对方也会回报你以友好的笑脸，但在这回应式的微笑背后，有一层更深的意义，那便是对方想用微笑告诉你，你让他体会到了幸福。微笑可以产生放松的身体状态，而放松的身体状态与紧张的情绪状态是不相容的。因此，你在出门前，不妨对着镜子笑一下，这样，自己就会获得好心情和动力，愉快的情绪会随之而来。

好的沟通者一定懂得眼神交流

在人类的感觉器官中,眼睛是最重要的器官之一。科学家经过研究证实,人类有80%的知识都是通过眼睛观察得到的。眼睛不仅可以读书认字、看图赏画、欣赏美景、观察人物,还可以辨别不同的色彩和光线,然后将这些视觉、形象转变成神经信号,传送给大脑,从而形成人类的记忆。

"眼睛是灵魂之窗",人在各种时候,不同的思绪动向往往会反映在眼睛中。通常,对于人心中所想的事物,眼睛会比嘴巴还快地表现出来,而且几乎毫不隐藏。正如文豪爱默生所说:"人的眼睛和舌头所说的话一样多,不需要字典,我们却能从眼睛的语言中了解整个世界。"

眼睛是会说话的,忧郁的眼神能引起人们的怜爱之心;快乐的眼神会传递愉快;有精神的眼神会表现主人无限的生机,让别人如沐春风……

某公司有一个销售主管的职位,面试官在候选的两个人中做出了最后的抉择。他毫不犹豫地选择了那个样子看起来很平凡的女子,而旁边那个美丽的女子简直不敢相信这一切。她非常不服气地问其原因。面试官笑了笑,回答说:"女士,首先我应该说，你真的很漂亮，非常机敏，学历也很高，可是这些对我们公司所需要的人才来说并不是最重要的。我只能说你表现得不好。在陈述自己工作经历的时候，虽然伴有身体语言，但是很抱歉它们并没有为你加分。特别是你刚刚进来与各位面试官握手的时候，只用指尖轻轻一握，我们这里的任何一个人都没有和你有过眼神交流，我们无法判断出你的诚恳之意。而那个姑娘却大不相同。除去和你差不多的学历及能力之外，她诚恳且友善的眼神已经告诉我们，她十分想加入这个大集体，想在这个岗位上发光发热，而我们选择相信她。"漂亮的姑娘愣住了，难道她是败在眼神上了吗？

在人际交往中，眼睛就像是语言最得力的助手，可以表达千变万化的思想感情。除流露情感之外，眼睛凝视时间的长短、眼睑睁开的大小、瞳孔放大的程度以及眼睛的其他一些变化，都能传递最微妙的信息。

在面对面的交流中，首先，要注视对方，目光要自然、柔和、亲切、真诚。但是，要注意"注视"时不要死盯着对方的眼睛，否则会适得其反，会让对方觉得极不自在。值得注意的是，切不可东张西望或是双眼望天，这样做不仅显得很失礼，而且会让别人觉得你缺乏教养。其次，要控制自己的眨眼次数，一般情况下，每分钟眨眼6~8次为正常。如果眨得频繁，会让别人误认为你在说谎，或是认为你对他不感兴趣，甚至厌恶他，乃至给社交活动带来麻烦。最后，在交谈的过程中眼神要有适当的交流。嘴在忙着，不要忽略了眼神。若双方目光相遇，不应慌忙移开，应当顺其自然地对视1~3秒，然后才缓缓移开，这样显得心地坦荡，容易取得对方的信任。一遇到对方的目光就躲闪，容易引起对方的猜疑，或被认为是胆怯的表现。

任何一种交往都是相互的，我们在控制自己眼神的同时，也可以从眼神入手，读懂对方的言外之意。例如，开心的眼睛透露的是水亮有神，笑容灿烂；尊敬的眼睛表明他有点害怕，笑容勉强；爱慕的眼睛是眼光迷蒙，笑容腼腆；困扰的眼睛是暗淡无神，若有所思，眉头紧锁。具体来说，我们可以从以下几个方面来看。

（1）如果不管你说什么有趣的话题，对方的眼神总是灰暗的，表明他正在遭受某种不幸或者遇到什么不顺心的事。

（2）在谈话中，如果对方时时将眼神转向远处，多半是对方并不注意你所说的话，心中正在盘算着其他事。

（3）挤眼睛是用一只眼睛向对方使眼色，表示两人间的某种默契，它所传达的信息是："你和我此刻所拥有的秘密，任何人都无从得知。"

（4）如果你和对方交谈时对方的双眼突然明亮起来，表明他对你即将说的话题很感兴趣，也可能是你的话对他来说正中下怀。

上述这些对眼神的解读，可以使我们在与人交谈的过程中迅速了解对方内心所思所想，在开口说话的时候说出对方喜欢和关注的话。当然，这只是一些简单情况的概括，我们在遇到不同的交际对象时，还应该运用具体的观察方法，做到有的放矢，这样，我们才能游刃有余地与人交往和应酬。

SOLER模式，助你建立初见好印象

陌生人相见，有意无意中都在相互打量、相互揣测。那么，我们应该如何把自己的热情友好传递给对方呢？比起动人的言辞，无声的肢体语言更加直观可信。

社会心理学家艾根研究发现，在与人相遇之初，按照SOLER模式来表现自己，可以明显增加他人的接纳度，使自己在人们的心中建立良好的第一印象。SOLER是由五个英文单词的开头字母拼写起来的专用术语，其中："S"表示坐或站的时候要面对别人；"O"表示姿势要自然开放；"L"表示身体微微前倾；"E"表示目光接触；"R"表示放松。用SOLER模式表现出来的含义就是："我很尊重你，对你很有兴趣，我内心是接纳你的，请随便。"

一座城市的马路边有一家西服专卖店，炎热的夏季是西服销售的淡季，很少有顾客前来购买。一天中午，店里进来一位顾客，在衣架前慢慢地浏览，不时地摸一摸、看一看，正在犹豫不决时，店里的售货员小姐适时上前，耐心地为他介绍西服的款式、面料。这位顾客显然有点儿动心了，提出要试一试衣服，同时脸上又流露出了怕热、嫌麻烦、不想试的表情。聪明

的售货员小姐连忙把西服拿到空调底下吹了吹，然后递到顾客面前让他试穿。那位顾客被售货员的细心、耐心打动了，试穿了西服之后，很爽快地把它买了下来。

在和陌生人初次交往时，一定要注意各方面的细节，要从各个细微之处表现出你对他的关心、钦佩和喜欢，要让对方感动。要知道，对方和你还不熟悉，所以只能从你的各种行为表现上来推断你对他的态度、认可程度、你的性格以及为人处世方式等，而你自觉不自觉地所做出的各种细节正是他判断的重要依据。如果你能在细节上将他征服，那他就会从内心深处接受你了。

其实，每个人都可以利用各种场合认识别人、建立友谊，只要你有意与别人交往，善于打开别人的心扉，一定会收到意想不到的效果。具体到身体姿态上，除了表示友好、开放的SOLER模式外，还有一种"同步行为"，常常有出奇制胜的效果。

如果我们能细心观察一下周围的人群，就会发现这样一种有趣的现象，如在观看篮球比赛时，眼看球就进了，却又出了篮圈，人们会异口同声地说，"啊，再用点力就好了"。这种人与人之间表情或动作的一致被称为"同步行为"。从心理学的角度来讲，表情或动作的一致意味着双方思维方式和态度的相似或相通。也就是说，是双方的看法一致或相互欣赏诱发了他们的同步行为。相互欣赏或心理状态类似，并能够充分进行内心交流的人，大多有效仿对方动作的倾向。反过来，"同步行为"又促进了彼此的内心交流，加深了彼此的好感与欣赏程度。

肢体动作、脸部表情及呼吸的模仿与使用，是最能帮助你进入他人频道及建立亲切感的有效方式。当你和他人谈话、沟通时，他们耸肩伸颈，你也耸肩伸颈；他们吸气你也吸气，他们呼气你也呼气；他们的脸部有何表情，你也和他们一样。这样的话，你知道会出现什么结果吗？对方会莫名地开始喜欢你、接纳你，他们会自动将注意力集中在你身上，而且觉得和你一见如故。

一般而言，同步行为的一致性与双方关系的和谐度成正比。在双方的会面中，如果两个人相互欣赏，那么他们的同一行为会很多、很细微。尤其是交谈双方关系和谐时，会有更多、更细微的一致动作或表情。相反，如果交谈气氛不够和谐或双方关系不太亲密，这种同步行为就很少发生。想与人实现语言同步，就要迅速地掌握他人的表征系统。用对方的表征系统来沟通，就能迅速找到双方共同感兴趣的共鸣点，与人产生共鸣。在日常生活中，人为地制造"同步行为"，可以赢得对方的好感，让双方的交谈在不经意间变得和谐愉快。

第五章

言为心声，
表达心意是印象提升的必修课

谈吐的好与坏所包含的内容是十分广泛的，但是，对于初次接触的人来说，他们并不了解你的底细与内涵，只是根据第一印象作出初步的判断。这时候，一个人的口音是否标准、声音是否刺耳，以及说话时的遣词造句、语气和语调等因素都可以反映出你讲话水准的高低。

改变乡音，让你的声音更有魅力

如今我们生活的地方被称为地球村，人们的交流范围越来越广。要交流就离不开语言，从某种意义上说，你的语言的通用度，决定了人们对你这个人的认可度。

"印度圣雄"甘地，从年轻的时候就有心打入英国上流社会的社交圈，立志成为一位"英国绅士"。因此，他开始有计划地克服自己的各项弱点，训练自己面对群众时的演讲技巧与沟通能力。

身为一个外国人，甘地明白他的皮肤颜色是绝对改变不了的特征，但是，他改变发型，勤练英国式腔调，装扮适当，频频出入各种社交场所。

甘地的魅力，在于他能运用简洁诚恳的语言和人交谈。毋庸讳言，经过长时间培养出来的社交能力，对甘地日后的政治生涯产生了很大的助益，使他不但能与英国的领导阶层平起平坐、畅谈政治，也抓住了全印度甚至全世界人的心。

要改变固有形象，要真正融入新的环境，就得先过语言关。如果语言关都过不了，生活和生存都是问题，更不用说什么做大事立大业了。

语言的改变，就是生存方式的改变，它能使一个人以最快的速度获得最广泛的认可，避免时间、金钱和精力的浪费。

在今天，用普通话来进行人际传播、交流，是对现代人的基本要求。然而，在一些特定的人群里，依然存在以方言为美、为荣、为尊的观念，有人以能讲经济发达地区，如广东、福建、上海等地的方言为荣。说地方话时有声有色、眉飞色舞，讲普通话时却结结巴巴、词不达意，这样的现象实在令人担忧。作为现代人，所要接触的人可能来自天南地北，如果你口中时常会冒出一些令人费解的乡音、土语、俚语，对方很可能会听不懂、不愿听、不想听，因此而误传、误解、误事的例子也比比皆是。

如果口音太重，你就不能保证对方都能听懂，误解的现象便会时常出现，你表述的内容也会因此大大减色。另外，发音不标准，还容易给人一种不正规、不专业的印象，是职场之大忌。纠正口音，可以从下面3点做起。

1. 拼音字母是基础

我们可以从认真学习拼音字母的发音入手，纠正不正确的发音，尽量使自己的发音往标准发音上靠。如果你有类似于平翘舌不分之类的问题，就要着重纠正。有的地方会把"h"读作"f"，还有的地方会把"en"读作"eng"，这也是需要强化训练的。很多的地方读音限制了我们的发音，使我们不断地出错，因此，我们需要根据新华字典来纠正，碰到自己拿不准的，尽量查字典确认。

2. 学习标准读音

去看看那些教外国人学中文的节目，那些节目里的普通话极其标准。另外，可以每天听广播学发音，跟着广播练习发音。一般播音主持的普通话都是一级甲等的水平，是我们学习的标杆。

3. 尽管开口去说普通话

练习普通话和学习英语一样，多说多练是王道。如果你现在正处于一个说普通话的环境，那么你平时就可以多跟人交流，频繁地跟他人说话，久而久之，你的口音就会改变。在你学会如何正确发音后，你就要试着快速地说话了，这个时候你可以选择读报纸，在练习中不断地提高发音水准。平时没事可以打开手机录音对着手机读，然后自己听，不标准的词，多练习几遍，直到练准为止。我们可以对照普通话与自己的方言，把那些不同的音找出来练习，这样效果会更好。

一口标准的普通话真的是一笔巨大的财富，在你找工作或者结识新朋友的时候，你就会认识到它的重要性。谈吐优雅、语音标准的人，身上仿佛有一种神奇的"气场"，即使初次见面的人，也会被他所吸引，而他本人也会因此拥有更好的舞台和更大的空间。

修炼完美音色,让你以声夺人

心理学家认为,声音也是决定第一印象的重要因素之一。即使对只是通过电话建立联系的陌生人来说,你的语气、语调、语速的变化和表达能力也决定了你说话可信度的85%。声音就像是人们在社交场上的第二张名片,它可以反映出人体的很多状态,如情绪、情感、年龄、健康状态、喜好等。好的声音会增强你的吸引力,相反,一个无法入耳的声音是很难让人接受的。

有一次,迈克在电梯里看到一个十分漂亮的女子。电梯里人很多,迈克恰好站在她的身边,由于心生某种怜爱之情,迈克尽可能地用自己的身体挡住拥挤的众人,以便让这位美丽的女子站得舒服一些。到了10楼,这个女子到地方了,迈克把路让开让她出去。正当迈克还陶醉在她美丽的倩影中时,他听到了这个女子开心地招呼同伴的声音。迈克一下子愣了,甚至忘记了去按电梯的关门按钮,这个语态粗俗、音质沙哑的声音是她的吗?迈克摇了摇头,可惜了,那种让人回味不已的美好印象一下子消散不少。

动人的声音无疑是引人入胜的。但是有很多人会说,声音本是天生的，我也无法改变。真的是这样吗？其实，声音也是可以训练的。

人的声音是由发音器官来决定的，但是，通过科学的发音方法练习，可以弥补声音的先天缺陷，增加声音的魅力。天生就拥有一副好嗓子是非常幸运的事情，但是，专业的节目主持人必须要经过长时间的发音练习，改善音质和音色，才能发出准确清晰、悦耳动听的声音。

自己的声音要靠自己来训练。如果想知道别人耳中听到的你的声音是怎样的，可以用录音机把自己对着麦克风说话的声音录下来，然后放给自己听。就这样反复地听、反复地练习，用这个办法就能检验自己对声音的训练是否有效。在具体的训练方式上，有一个简单易行的发音练习方法值得一试——"耳语练声法"。

通常我们所说的"练声"是确实地发出声音，如此虽然可以帮助我们改善自己的声音状态，但是这样容易吵到别人；此外，若练习时间太长，声带也会很累。因此，人们发明了一种能让咽喉发声更准确的练声方法——"耳语练声法"。耳语练声法就是用说悄悄话的方式练声，这种方法有两个好处：不哑、不吵。不哑，也就是即使你每天疯狂地练习气息和吐字，你的声音也不会沙哑，因为你只是用了气而没用嗓子，声带不累，声音自然不会嘶哑，这就相当于用咽喉发出最准确的声音。不吵是因为耳语就相当于说悄悄话，你根本不用发出声音就练习了吐字，随时随地都可以练，却不用担心这样会吵到别人。

在耳语练习中，你可以将练气、练声、练眼神、练语言密切结合起来，这样可以同时实现多个目的。耳语练习需要你面带微笑，结合手势训练，对着镜子练习。你可以先试着用耳语练习，体会与传统练声法的不同之处，如练习绕口令："天上七颗星，地上七块冰，台上七盏灯，树上七只莺，墙上七枚钉。吭唷吭唷拔脱七枚钉，喔嘘喔嘘赶走七只莺，乒乒乓乓踏坏七块冰，一阵风来吹灭七盏灯，一片乌云遮掉七颗星。"如果是用传统的练声法，可能你会紧皱眉头、咬紧牙关练习，如此的结果是练到最后声音很喑哑，而且咬字不清楚。但如果试着用耳语练声法，则是面带微笑，且不容易哑的。我们在微笑时，肌肉会向上拉，而气息则会下沉丹田，如此的效果是气息通畅、吐字轻巧。而当你微笑的时候，你的口腔就打开了，声音有了共鸣、圆润了，自然就动听了。

声色的训练要注意两种声音：鼻音和尖音。用鼻音和尖音说话，在交往中具有破坏性的效果。用鼻音说话，尤其是初次与人交谈时，往往会给人一种无精打采的厌烦之感；而用尖音给人的感觉是不愉快的，因为尖音刺耳，使人神经紧张，容易破坏谈话的气氛。要纠正鼻音，必须努力缓解紧张的心理，放松你的下颚、舌头，张开喉咙，使声音可以由此散发，而不从鼻孔中遁出。此外，平时还应多进行放松喉咙的训练。尖音的消除当然也离不开心理因素，因此要做到心平气和。

只要按照这些小窍门逐步矫正，并且一直坚持下去，相信你也能修炼出完美音色。

话不在多，在于将意思传达到位

很多人以为口才就是口若悬河、夸夸其谈，实际上，这是一种误解。特定场合下也许用得上这种方式，但在更多的时候，这并非表示我们很有口才，相反，这会显得我们说话缺乏诚意、不负责任，乃至令我们受人怀疑和轻视。

我们一定都有过这样的感受，一个陌生人在说第一句话时，我们就已形成了对他的印象，这就是所谓的"先入为主"。因此，当我们来到一个陌生的环境中时，说好每一句话是相当重要的。为了给对方一个好的印象，少说话是最有效的办法。一则可以隐藏自己不自信的地方，二则可以先了解对方，然后再讲出自己的意见。如果上来就滔滔不绝，那就很有可能陷入糟糕的境地。

"言不在多，达意则灵。"无论在什么场合，讲话都要语不烦乱、字字珠玑、简练有力，使人不减兴味。冗词赘语、唠叨啰唆、不得要领，必令人生厌。

一个中国商人和一个法国商人做成了一笔大生意。交易成功之后，法国人要开一瓶香槟酒庆祝。同行的翻译心想，老板对那种带点酸味的淡酒未见得会感兴趣，且开一瓶香槟很贵，让对方破费还是小事，回头老板端起杯子一喝，皱眉摇头，会显得很不礼貌，不如辞谢了得好。

于是他告诉法国商人，说老板喝不惯洋酒，不能领受他的好意，表示抱歉。法国商人便问，你的老板是不是不会喝酒？翻译又解释了一通，法国商人听到这位老板酒量很好，便对他不喝香槟表示奇怪，说桌上那瓶酒来自巴黎东北方的香槟省，是很有名的牌子，在世界各地都广受欢迎，为何中国朋友不喝？接着又说，他跟好几个国家的人有过交往，凡是会喝酒的，都很欣赏这种酒，何以中国朋友不一样？接着又表示，如果中国朋友不介意，他很想知道其中的缘故。

翻译本着友好合作的原则，想和法国商人讲清楚中国人的喜好，不料，因为中西文化的差异，他和那位法国商人各说各话，沟而不通。倒是那位中国商人看对方不断指着酒瓶和他的酒杯，滔滔不绝地在说话，猜到事情的缘由，便自己先问起此事。翻译自然照实回答。于是中国商人笑道：

"饮食一道，各有所爱，好像看女人一样，情人眼里出西施，没有什么道理好讲的。"

翻译把他这一段话译给法国商人听，法国商人连连点头，并马上放下那瓶酒，不再劝中国商人饮用。

在不漏掉有用信息的前提下，说话越简洁越好。我们不要躲躲闪闪或拐弯抹角地说话，该说什么就说什么，这并不意味着我们品味低俗，反而说明我们有恰当的词汇可用，而没有进行不必要的掩饰。要做到措辞简洁有力，在谈话中应该着重注意以下4个方面。

1. 要尽量简明扼要

许多人都有喋喋不休的坏习惯，一分钟就能讲明白的事，却非得说十五分钟。人们一般最厌恶的就是讲话抓不住重点、不着边际，结果，说来说去也无法让人把握住他的要点。这样的人常常会让人厌倦。

2. 用语不要过多重叠

在汉语里，有时的确要使用叠句来引起别人的注意，或者加强语气，但是，如果滥用叠句，就会显得累赘。例如，许多人在疑惑不解的时候常常会说："为什么为什么？"其实，一个"为什么"就足以表达你的疑惑之情，为什么偏要多加一个呢？还有的人答应别人一件事情的时候，常常说："好好好……"一连说上好几个，其实，说一个"好"就足够了。如果你也有这个坏习惯，还是改一下为好。

3. 要避免重复口头禅

有些人在交谈中非常爱说口头禅，如"岂有此理""我以为""俨然""绝对的""没问题"一类的话几乎是脱口而出，不管这些话是否与所说的内容有关联。这类口头禅说多了，不仅影响说话的效果，而且很容易被别人当作笑柄。因此这类口头禅应下决心戒掉。

4. 不要滥用术语

太深奥的词，如专用术语等，不可多用。除了同一个学者讨论学术问题或不得不用外，过多地使用专业术语，即使你使用得很恰当，也会给别人故弄玄虚的感觉。满口诸如"形而上学""一元论""二元论"等术语，不懂的人会认为你是在炫耀才学，而听得懂的人则会认为你非常浅薄。

为了使你的话更有力度，最好在话未出口时，先在脑子里构思一个框架，然后再按次序有条不紊地说出来。如果使用的是电话交流的方式，最好事先把要谈的事情逐一列出，写在一张纸上，然后再说："我知道您很忙，有这么几件事需要和您讨论……"这样一来对方就很容易接受，从而愿意和你交谈。

其实，任何事物，不管是多么复杂的现象、多么深奥的思想，抓住了它的核心，就相当于找到了一把钥匙，只要抓到它，就能提纲挈领、一通百通。这样一来，在与人交往的过程中，将会收到"画龙点睛"的效果。

练习发声，让声音洪亮底气足

声音是语言的载体，美妙的声音能带给人美的享受。你在讲话时，要用清晰有力的语言说出你的见解。如果你的声音缺乏底气，那么自然不容易引起别人的关注，在这样的情况下，即使你说破了嘴别人也不会听，更别说会肯定你的讲话水平了。

33岁的罗兰是一位职场强人，她刚刚晋升为某银行证券资产管理部主任。罗兰非常自信、独立，她对自己的事业充满了抱负和展望。在以男性为主导的金融业，如同很多高级白领丽人一样，罗兰追求完美、卓越，以获得同事和下级的尊重，她努力开发一切能够为她增加领导力的资源。

在个人的外在形象的建立上，罗兰付出了极大的努力，她要求形象设计师让她身上的每一个部件都发挥"权威"的作用。她达到了自己的要求——拥有一个现代的、强干的女管理者的形象。只有一点美中不足，那就是罗兰讲话时声音细弱，如同十几岁的女孩，这与她强大、独立的性格和一个管理者的外在形象格格不入。

因为声音的关系，她领导的小伙子们在背后称她"小罗兰"。在她开始负责组织会议后，她意识到自己的声音确实不够权威。当别人争论、她试图插话时，别人好像根本就听不到她的声音。在电话中，人们常常误以为她是一个年轻的秘书，这让追求完美的罗兰感到自己的权威并不被所有人承认。

三个月后，罗兰终于不能再忍受自己的声音对"权威"形象的破坏，她决定开始学习新的发声法。她说："不到这个位置上，也许我永远不知道自己声音的缺憾。虽然在33岁学习发声是件让人惊奇的事，但是我别无选择。"

嗓音是决定一个人说话效果的关键，善于运用嗓音的人，说话显得精力充沛，富有吸引力。一些人说话底气不足不是声音本身的问题，而是对语言控制技巧的问题。有些演说家为了使自己的声音更洪亮、更有权威感，甚至专门到大海边对着波涛练声。大海会"吃掉"声音，当一个人刚开始对着空旷的地方演讲时，甚至会听不到自己的声音，久而久之，自然能把气练足、把声音练大。如果不方便到空旷的地方去，那么，你训练自己的声音时，可以请人到远处听，大声说出你想说的话，直到对方听得清晰为止。"音量"和"气势"，其实是可以改变的。

"底气"练足了，我们还要注意气息运用的技巧问题。

一些人在讲话时有声音过于急促、细声细气的毛病。讲话的诀窍在于音量适当，语调平稳，速度不缓不急，以显示你对自己信心十足；利用呼吸换气时断句，可以避免说出许多不必要的"嗯""啊"等词，使内容显得流畅而有条理；切忌以疑问语调结束对事实的陈述，以免影响语气的坚定。

还有些人讲话的声音变化很大，总是一开口时声音很高、很强，到后来越说越低、越弱，句尾的几个字几乎听不到。这种头重脚轻的语势会使语意含混，容易造成听话人的疲劳感。有的人讲话，总是带有一种"官腔"，任意拖长音，声音下滑，产生某种命令、指示的意味。还有的人在讲话时喜欢在句尾几个字上用力，使句末一个字短促、语力足，给人以强烈感、武断感，容易让人不舒服。

用怎样的语气讲话，取决于你所处的场合、你讲话的对象、你讲话的内容和目的等各种因素，需要具体问题具体分析。一般来说，场面越大，越要注意适当提高声音、放慢语流速度，把握语势上扬的幅度，以突出重点。相反，场面越小，越要注意适当降低声音、适当紧凑词语密度，并把握语势的下降趋向，追求自然。在不同的场合，应运用不同的语气。是在讲话的场合或演讲的场合、辩论的场合或对话的场合，还是在严肃的场合或轻松的场合、安静的场合或嘈杂的场合等，都要根据情况使用不同的语气。

最后要注意，自然的声音才是悦耳的，交谈不是演话剧，无论你使用什么样的声音说话，都应自然流畅，使用做作的声音只能事与愿违。我们所说出的每一个词、每一句话都由一个个最基本的语音单位组成，然后加上适当的重音和语调。正确而恰当地发音，将有助于你准确地表达自己的思想，使你心想事成，而这也是提高你的言辞水平的一个重要方面。

第六章

**互惠原则，
遵循人际交往中的跷跷板定律**

我们每个人心中都有一种成为重要人物的渴望，一旦有人帮助我们实现了或让我们体验到了这种感觉，我们往往就会对这个人产生非常美好的印象。这就是人际交往中的互惠原则。如果你想一见面就让人喜欢，有一条捷径就是自然地表现出你对对方的尊重和喜爱之情。

"特殊对待"，往往能带给你满足感

每个人都认为自己是独特的个体，是十分"特别"的。所以，我们要注意这点，承认每个人的独特价值。你让对方觉得他很重要，他便会感到你很重要。

一位心理学家到某生活小区作调查，把问卷发下去之后，回音很少。后来他联系了当地的社区工作人员，并在每份问卷中都附上一封简单的问候信，信上的称呼为"×先生""×女士"，状况一下子改变很多，大部分人都认真填写了问卷。

每个人都是独一无二的个体，都希望得到别人的尊重。"诸位""各位顾客""家长们""孩子们"这种大众化的称呼，会让人觉得自己只是一个大集体里的渺小个体，无关紧要、无足轻重。没有人会喜欢这种感觉，当然了，这样你也不会从他们那里得到你需要的回馈。尊重其实也是人与人之间的一种最佳互动，就像我们都喜欢到对待我们特别殷勤、周到的餐厅用餐。餐厅不必特别高档，只要服务员们叫着我们的名字说，"××先生，今晚有你最喜欢的野生鲫鱼"，这就够了。

心理学家马斯洛把人的需求分为五个层次，在最基本的温饱、安全需求之外，人人都有被尊重的需求。这是指一个人希望有地位、有威信，受到别人的尊重、信赖和高度评价。如果我们懂得特别对待的原则，在说话做事时遵循人的心理规律，满足对方的尊重需求，那么，在自尊心的驱使下，对方也会竭力和你保持一致，共同促进事业的发展。

安斯利女士是一位非常成功的企业家。她在工作上热情高、能力强，充满健康向上的力量。她最大的长处是尊重人，尤其对下属更是如此，从不以势压人。

有一位采访过她的记者曾这样生动地写道："不论你来自何方，只要有机会与她相处，她总是把你当作她屋里唯一的重要客人。当你与她说话时，她的眼神、语言总会让你忘了自己面对的是一名赫赫有名的企业家，你会觉得她是一位与你亲密相伴的朋友。她会认真地倾听你的意见，让你大胆发表自己的观点。如果有别人在场，她并不会因为你仅是一名年轻的业务员、打字员或秘书而怠慢你，仍然会把你当作她的朋友一样热情对待。"

对每个人都给予特别的尊重，不仅最容易缩短两颗心之间的距离，也能感染周围所有的人，给大家带来愉快。那么，在人际交往中，我们要怎样表现呢？

1. 把对方放在中心位置

与人打交道，要明白主角永远是对方，而你必须自始至终完全扮演配角。如果本末倒置，在商谈过程中以自己为中心，只是洋洋自得地反复谈论自己的事情、自己的爱好，只管发表自己的看法，而不从对方的角度来考虑，难免会引起对方的不快，令其对你的印象也一落千丈。

2.多提及对方喜欢的事

那些交际能力强的人都有一个共同的经验，那就是要学会多提及对方关心、喜欢或者自豪的事情，因为渴望被人重视是每一个人的心理。为此，我们有必要多花心思研究对方，对他的喜好、品位有所了解，这样才能顺水推舟。

3.重视对方说的每一句话

那些说话妄自尊大、小看别人的人总会引起别人的反感，最终在交往中使自己走到孤立无援的地步。与人沟通，目的在于交流意见、达成共识，只有重视对方说的每一句话，才能赢得尊重。

虽然我们大多数人都是这个世界上最普通的人群中的一员，但在自己心里，"我"总是独一无二的存在。尊重人们的这种心理，满足人们的这种心理，你在他人心中的地位也会变得特别起来。

赞美他人，别人才会越来越喜欢你

美国著名的心理学家威廉·詹姆士说："人类本性上最深的企图之一是期望被赞美、钦佩、尊重。"渴望被赞美是每一个人内心的一种基本愿望。所以，在社会生活中，要想在善意和谐的气氛下与人相处，我们就应该去寻找别人的价值，并设法告诉他，让他觉得那价值实在值得珍惜，这样我们便等于扮演了一个鼓励他、帮助他的角色。如此一来，我们便可能赢得他的真心回馈。

每个人都不会拒绝别人真诚的赞美之词。但赞美之词一定要有闪光的地方，不可太过流于世俗。

善于交际的人往往是善于赞美别人的人，他会抓住对方身上最闪光、最耀眼、最可爱而又最不易被大多数人重复赞美的地方，为对方送上一顶受用的高帽，让他有飘飘然的幸福感。赞美是件好事，但并非一件简单的事。大多时候，我们给予的赞美，都是不疼不痒的，效果并不十分明显，因为我们常常赞美一个人身上最容易捕捉到的闪光点。对此他都已经习惯了，不会产生特别的感觉。而会说话的人则能独具慧眼，发现对方身上不易被发现的闪光点，并加以赞美，从而收到奇效。

影星茱莉·安德鲁丝，因为拍了《欢乐满人间》而红遍全国。她除了演技好、容貌美、歌声令人陶醉，还有一张人见人爱的嘴。

有一天，她去聆听鼎鼎大名的指挥家托斯卡尼尼的音乐会，在音乐会结束之后，她和一些政要名流一起来到后台，向大指挥家恭贺演出的成功。

大家都夸奖指挥家："指挥得实在是棒极了！""抓住了名曲的神韵！""超水准的演出！"

大指挥家一一答谢。由于疲累，而且这种话实在是听得太多了，因此，他的脸上显出有些敷衍的表情。忽然，他听到一个高雅温柔的声音对他说："你真帅！"抬头一看，是茱莉·安德鲁丝。大指挥家眼睛亮了起来，精神抖擞地向这位美丽的女士道谢。

事后，托斯卡尼尼高兴地到处跟人说："她没说我指挥得好，她说我很帅！"恐怕大指挥家还是头一回听到有人赞美他帅呢！

就这样，大指挥家把茱莉当成了好朋友，常常去为她捧场。虽然只见过一次面，但大指挥家时常抱怨与她"相见太晚"。

有这样一句话："很多人都知道怎样奉承，却很少有人知道怎样赞美。"赞美他人不一定非要说得很"大"，从小事入手，更见真诚。赞美他人要有分寸、不离谱，要恰到好处，不能给人肉麻的感觉。

例如，赞美一个人"很漂亮"不如赞美他"眼睛很美"；夸一个人"很有能力"不如夸他"应变能力很强"。因为前者太宽泛；而后者是具体的，使人感到这样的赞美是属于他的，而不是敷衍了事。

赞美也要因人而异。人的素质有高低之分，年龄有长幼之别，因人而异、突出个性、有特点的赞美比一般化的赞美能收到更好的效果。老年人总希望别人不忘记他"想当年"的业绩与雄风，因此同其交谈时，可多称赞他引以自豪的过去；对年轻人不妨语气稍微夸张地赞扬他的创造才能和开拓精神，并举出几个实例证明他的确前程似锦；对于经商的人，可称赞他头脑灵活、生财有道；对于有地位的干部，可称赞他为国为民、廉洁清正；对于知识分子，可称赞他知识渊博、宁静淡泊……当然这一切要依据事实，切不可虚夸。如果不想让人觉得客套做作，就该懂得见好就收，不要空泛地说"你很棒、好厉害"，而应该具体道出哪些事情与成就让你欣赏，你描述得越具体，你的夸奖就越真诚有力。

在第一时间说出对方最想听的赞美话，看起来似乎很难，但是，只要你愿意并留心观察，处处都有值得你赞美的地方，适时说出来，会产生意想不到的效果。

有很多人，特别是一些年轻人，在学校里受着传统的教育，满脑子都是"忠言逆耳""只做诤友"的思想，在和别人交往中过分吝啬夸奖的词语，对待他人总是表现得不冷不热。这样的做法，在社交场合是不能促进友谊的建立和发展的。人都说君子之交淡如水，但这也并不意味着和朋友相处的时候要过分地追求那种所谓的朴实无华。毕竟，传统的交友观念只是一个理想的境界，起到一个原则性的指导作用，而交友的方式则并不是那么单一的。那些固执的交际观念，只有得到一定的改善，才能适应现代社会。

人际关系从来都是一面镜子

在我们的现实生活中,有些人无论走到哪里都会有许多好朋友,迎接他们的,是可爱的笑脸和亲切的关怀;另外一些人则完全相反,他们的朋友极少,所遇到的人也对其漠不关心,他们仿佛一直行走在一个毫无生气的荒漠里。

那些受人欢迎的人,难道是命运给了他们太多的眷顾吗?不,凡事有因才有果,在为人处世上,也是同样的道理。

心理学上的"照镜子"效应,能够解释这种现象。与人交往,常常会有这样的感觉,这人一眼看去就不错,与自己很投缘,双方交谈起来,彼此果然谈得很好;而另外一些人,一接触便令人觉得讨厌,结果,彼此真的格格不入。为此,我们总是庆幸自己感觉灵验。其实,在与人打交道时,我们自己的待人态度会在别人对我们的态度中反射回来。如同你站在一面镜子前,你笑时,镜子里的人也笑;你皱眉,镜子里的人也皱眉;你叫喊,镜子里的人也对你叫喊。如果你变成了一只刺猬,你认为别人还会用柔软的心来靠近你吗?

一天上课时,老师给每人发了一张纸条,要求全班同学以最快的速度写出班里他们不喜欢的人的姓名。

有些同学在30秒之内，仅能够想出一个人，有的同学甚至一个也想不出来，但是还有一些学生竟能一口气列出15个之多。

老师将纸条逐一收上来，然后进行统计分析，结果发现，那些列出不喜欢的人数目最多的人，自己也正是最不受众人喜欢的；而那些没有不喜欢的人或者不喜欢的人很少的同学，也很少有人讨厌他们。于是，老师得出一个结论：大体而言，人们对别人的批判，正是对他们自身的批判。

如果我们在寻找坏人，那么就真的会遇到坏人；如果我们在寻找好人，就一定会见到好人。生活就像一面镜子，你看到的往往是你自己的样子。

当你不喜欢别人时，相应地，别人也可能不会接纳你，因为你所发出的不友善的信息，别人可以感受到。你散发出怎样的信息，就会得到怎样的回报。

专攻美术的小伊，愿望是成为一位插画家。但是，由于没有工作经验，毕业后她没有找到一份称心的工作。于是，小伊在一家图书馆打工，有时间就练习画画技巧，培育她的梦想。

有一天，一位四十多岁的男士来还书。她看了一眼书的封面，便被这本书深深地吸引住了，原来这是一本集合了意大利著名童话作品的插画书。小伊高兴地问他："这本书好看吗？"那位男士对图书馆管理员开口讲话感到颇为吃惊，他犹豫了一下后微笑着说：

"是啊。如果对童话插图有兴趣，那么这是一本值得参考的书。"

"是吗？那我一定要借来读一遍。谢谢！"

看着小伊的笑脸，本来已经转身向外走的男士又回来问她："你会画儿童插图？"

"我很有兴趣，但现在还在学习中。"

"嗯……是吗？那你可以找个时间跟我联络。我想看看你的作品。"

看到这位男士递来的名片，小伊吓了一跳。他是一家以出版画册闻名的出版社的社长。

他是为了一本童话书的插图而到图书馆借书的。当他看到小伊的作品后，感到很满意，小伊就因为这次意想不到的机会成了一名插画家。

在忙碌的现代生活中，很多人都忽略了关心身边的人，却又反过来觉得自己没有得到别人足够的重视。你没有去重视别人，又怎么可能得到别人的重视呢？所以，不如从现在开始学会去爱别人、关心别人、赞美别人，很快你将会发现非同寻常的化学反应——世界变得如此美好，每个人都那么可爱。

心理学研究表明，人都有交友和受尊敬的欲望，并且这种欲望都非常强烈。表达你的尊重和友善，可以从下面3点做起。

1. 不要在别人面前露出冷漠的神情

你冷漠地对待别人，别人会以为你瞧不起他。如果你周围的人诚恳地向你征求意见或诉说苦闷，你却显出一副事不关己、不感兴趣的样子，那么，虽然你心里并没有不尊重对方的意思，可你的行为已经伤了对方的心。

2. 不要贬低别人的工作能力

当你周围的人在某一方面做出成就时，你应该给予适当的赞扬，而不是对其成就进行有意无意的贬低。即使你周围的人工作能力平庸，你也不要贬低。否则，不但你们的交往不会成功，还会激起矛盾，甚至引发仇恨。

3. 对你周围的人要宽容

别人一不小心冲撞了你，并再三向你道歉，你却一味抱怨、不依不饶，这样只会让你们的关系越来越疏远，最终，你会失去一个朋友或可能成为你朋友的人。

人，都是需要别人理解、同情和尊敬的。推己及人，与人相处应该豁达一些，像著名作家叶延滨说的来个"礼让三先"：与同事相处先让三分，与长者相处先敬三分，与弱者相处先帮三分。如果能坚持这样做，那么，我们面对的也必将是和煦的春风和灿烂的阳光。

熟记名字，更容易抓住对方的心

著名的人际心理学大师卡耐基曾说过：叫出别人的名字是对别人的尊重。哪怕是在社交场合刚刚结识的人，当你叫出对方的名字时，就会传递出"我会花时间关注你，你对我很重要"这样一种信息，这代表着你们的关系已经更进一步了。

如果你说你跟某人相识却连他的名字都叫不出来，岂不是一件可笑滑稽的事？

小赵是一家化妆品公司的策划部主管，她总喜欢用"哎"或者"那个谁"来称呼别人，除了和她比较亲近或级别差不多的人外，其他人她一律用代号来称呼，她觉得记名字是一件很麻烦的事儿，再说记住那些名字也没用。年终的时候，本部门经理的职位空缺了，本来小赵升任的机会最大，因为过去一年里她的业绩之高有目共睹，但是最后她居然因为"待人不尊重，无法促进同事关系和睦"这样的问题而无缘经理一职。

每个人都渴望得到别人的尊重，同时，这种尊重具有很强的反射作用，如果我们想要获得别人的尊重，就要先学会去尊重别人。

我们每个人都有自己的名字，它是父母给我们的第一份礼物，它将陪伴我们一生。很多时候，我们觉得名字只是一个代号，只是区别你是张三还是李四的一个符号。其实，名字有时候也是一种"武器"。回忆一下，你小时候是不是有这样的经历：每次到一个新的班级，最先能叫出所有人的名字或者是大部分人的名字的那个人一定是班长或班主任。当你来到一个陌生的地方，人生地不熟，突然听到有人能叫出你的名字，这时，你一定觉得很开心吧？在初入职场、谁都不认识谁的情况下，比你高一级别甚至高很多级别的人能一下子就叫出你的名字，你一定觉得万分荣幸并且很激动吧？

其实，这是心理学的妙用，在最短的时间内记住他人的名字，是进入他人内心的捷径。

杰姆·费雷是美国历史上很有影响力的一个人，他成功地帮助富兰克林·罗斯福当上了美国总统。杰姆本人也有非凡的成就，他曾经获得美国四所大学的荣誉博士学位，此外，他还是美国的邮政总监、美国民主党委员会的主席。

有人问他成功的原因，杰姆的回答居然是他可以叫出五万人的名字，而这也是他可以帮助罗斯福进入白宫、成为美国总统的原因。这大概就是记住他人名字的神奇效应吧。

每个人最敏感的就是自己的名字，记住对方的名字，不仅能表示你对对方的尊重，而且，在你和对方见面时，你若能准确无误地喊出其名字，一定能让对方在惊喜和满足之余对你产生好感，从而在无形中缩短了双方心理上的距离。因此，千万不要小瞧了名字，字数虽少，里面却隐藏着很大的玄机。

当然，世界上天生就能很快记住别人名字的人并不多见，那些能脱口说出别人名字的人通常都在背后下过一番苦功，想要把别人的名字牢牢记住，也是需要一些技巧的。

如果你在第二次与人见面时的10秒钟后还在绞尽脑汁回忆他叫什么，那么很显然，你已经忘了他的名字了，而这归根结底就在于你在与其初识时并没有集中注意力去记他的名字。

因此，想要记住别人的名字，一定要在对方自报家门时集中你的全部注意力，假如你当时没能做到，那也不要因为怕得罪对方而难以启齿，此时你要礼貌地请对方再重复一遍，这样总比你对他人的名字毫无印象要好得多。

你可以试着找找他的名字与本人的气质之间的独特联系，如有的人名字优雅，而他本人也很符合这样的气质，那么下次你见到他时，看到他的气质，也许心里就能想到他的名字了。

在记住他人名字的基础上，最好还要对他的职业、职位和必要的工作情况有一个大概的了解，这样，你再次见到他的时候，不仅能轻松叫出他的名字，还能亲切地谈一谈他的工作近况，如此寒暄客套一番，一下子就能拉近你们之间的距离。

学会用小礼品俘获他人的心

从社会学的角度来看，人际关系是在人与人的交往中形成的直接的、可感知的心理关系，实际上也蕴涵着一种价值关系。因此，互惠与互利也就必然成为调节人际关系的一个准则。

也就是说，想要给人留下良好的印象，首先要做到与对方在心理上互惠，当对方感知后，就会与你在现实的人际交往中达成互惠，这样，你也就赢得了他的心。

美国康奈尔大学的雷根教授曾做过这样一个实验：实验对象被邀请与雷根教授的助手乔一起给一些画评分。实验分为两种情况：第一种情况，乔在评分休息期间，出去几分钟，买了两瓶可乐，给了实验对象一瓶，并告诉他说："我去买可乐，顺便给你带了一瓶。"当时可乐是10美分一瓶。第二种情况，乔在休息期间出去后，并没有给实验对象带任何东西。当评分结束后，乔请两种情况下的实验对象帮他一个忙，说他目前正在卖彩票，如果他卖的彩票数量是最多的，他就会得到50美元的奖金，彩票是25美分每张。实验的目的是比较在两种情况下乔卖掉的彩票的数量。实验结果是：第一种情况下卖掉的彩票数是第二种情况的2倍。

人都有自我，也都是先想到自己，而后再去考虑他人，这是人的本性，无可厚非。我们不必去苛求自己，而应善待自我。你的"礼"的行为，对他人的自我是一种肯定，而不是一种否定，你满足了他对自尊的需要，或者说，你给予了他尊严。如此一来，在不知不觉中，他对你的好感已经在心中积累。

中国素有"礼仪之邦"之称，讲究人情又是中国人的一大特点，而这一特点有时也成了人们最大的弱点。因此，聪明的人会利用感情去投资，这对提高自己的人气指数有明显的效果。

安欣是一位新上任的企业高管，温情管理是她的一大法宝。她的公司有一个司机，经常犯胃痛。安欣知道之后，就嘱咐他多注意饮食。而且，每当公司让他出车时，安欣都要给他带上一包饼干，怕他半路上因饥饿而犯胃病。

安欣在公司，偶尔看到职员手头紧、饭食差，还要"骂"他们几句，然后自掏腰包让他们出去吃点好的。有一次，由于公司提供的午餐大家不太爱吃，她干脆专门派人去饭店点菜，让大家一起在会议室里聚餐。遇到因为忙于发货而耽误了吃饭的员工，安欣都会请他们吃饭，还额外给他们一些补贴。她的这种作风让公司的氛围非常融洽，她所在部门的效益也节节高升。

人都是有感情的，人人都难逃脱一个"情"字。在很多情况下，为了更好地表达你的关心，可以借助一些小礼品传情达意。小礼品用得恰当，于公于私，都会有良好的收效。

公对公的礼品，多属于商务礼品。作为商务礼品的产品，一般印有企事业单位的名称和标志，与单位的形象、内涵紧密地联系在一起。

一般来说，商务礼品可以当众送给客户，如展销会、促销日以及订货会时。美国某制造公司的发言人说："在客户参观工厂时，我们用礼品来吸引他们。我们送的礼品能带回家，使他们在家中也能回想起参观活动。牛排餐刀对我们来说就是一种极好的礼品，因为它是我们自己生产的材料做成的。在推销订货会上，我们还会把不锈钢钢笔作为礼品赠送给客户，笔上刻有公司的标志，这将使客户永远记住我们的公司，他们也会为随身带着这样一支高质量钢笔而自豪。"

如果说商务礼品是为了给自己公司的产品加分，那么，私人礼品就是为了联络感情了。这种礼品一般应当面赠送，但有时新婚礼品也可事先送去，而祝贺节日、赠送年礼时，可派人送上门或邮寄过去，这时应随礼品附上送礼人的名片，也可手写贺词，装在大小相当的信封中，信封上注明收礼人的姓名，贴在礼品包装的上方。通常情况下，当众只给一群人中的某一个人送礼是不合适的，会使没有收到礼物的人有受冷落和受轻视之感。

给有利益相关的人送礼不宜在公开场合进行，以避免给公众造成你们的关系完全是靠物质的东西支撑的感觉。只有礼轻情意重的特殊礼物、表达特殊情感的礼物，如一份特别的纪念品等，才适宜在大家面前赠送。送礼时要注意态度、动作和语言表达。平和友善、落落大方的动作并伴有礼节性的语言表达，才能使对方乐于接受。

第七章

求职心理，
巧妙在面试竞争中崭露头角

　　求职应聘时，若进入到面试阶段，那么，说明你在专业、学历、工作经验等硬件方面是没有什么问题的。面试官需要了解的是应试者真实的一面是否符合公司的要求，可以说，面试就是一场针对印象的考试。这就需要我们站在"挑人"的一方反向思考，让自己的表现与所求的职位相匹配。

有些小细节，可能会毁掉你的面试

当你接到面试通知时，就说明你的学历、专业、经验等硬性指标是与所求职位匹配的，你距离被录用又近了一步。但是，面试过程中，有很多不确定因素，有很多各方面条件都不错的人，只是因为在一些细小问题上表现失当，给面试官留下了恶劣的印象，最后与向往已久的职位失之交臂。

有一家正处于创业初期的公司，地址在城郊工业开发区，距离市区比较远。企业需要一名部门经理，为此总经理亲自到市区的人才市场组织了一次初试，定下来几个人，并通知他们到郊区的公司里进行第二次面试。其中有一位先生收到了公司的面试通知书，那上面已经写明了公司在开发区的地址、乘车路线和具体的联系电话，并且，在附近国道和主要路口上，都有那家公司的广告。但是，那位先生从出发直到与总经理见面，总共给公司打了六通电话。后来，总经理让他的助理简单应付几句就把那位先生打发走了。总经理说，他当时在想："公司初创，各方面的工作都要快速展开。这样一个效率低下、连路都不会走的人，不可能胜任我们那个部门的经理职位。"

这个人就这样白白浪费了自己的机会，因为他不懂得珍惜别人的时间。其实，在企业中，上级领导的时间是很有限的，他们需要在短时间内完成自己的事情，还要时刻关注着公司的内部，他们必须提高办事效率，因此他们也不喜欢办事没有效率的人。

一些看似很小的细节，却透露着你的个人习惯和修养，推己及人，你就会懂得如何收敛让人反感的言行举止，展现自己最好的一面。而且，你要知道，即使被录用了，也并非高枕无忧，进入一个新的单位、新的环境后，考验无处不在，你的印象分依然会影响你的前程。

一家IT公司，同时招进来两名员工——李敬和齐家诚，他们都是没有什么工作经验的大学应届生。

因为两个人都要熟悉公司的环境，所以公司给他们布置了一个任务——统计最近一个月来地铁站播放动画的市场行情，最后上报公司汇总。面对同样的工作，两个人的表现却完全不同。李敬知道第一个任务一定要完成得干净利落，所以一接手就开始执行。哪个地方需要做报表，哪个地方需要编一个小程序，哪个地方需要作图，他都认真细致地完成。

而齐家诚则有一些贪玩，觉得身边没人监管着干活，很自由，先拖了几天后，才像在学校大考前那样拼命突击完成工作。

他们将任务提交之后，李敬受到了主管表扬，而齐家诚则被批评了。

　　说实话,他们两个都是新人,虽然李敬的任务做得比齐家诚更完整一些,但差别并不是很大。他们之间唯一能拉开差距的,是李敬有着不打折扣的执行力,而齐家诚被评价为执行力不够、责任心淡漠。如果他不改变工作态度,是永远追不上李敬的。

面试应对，做心里有底气的候选人

现代人已不再是能够坐待"伯乐"的千里马了，为了使自己的才智和潜能得到最佳的发挥，人们往往需要自我推荐。招聘的面试、求职的自荐，都需要使用恰当的言辞充分地展现"自我"，以求得认同。

那么，怎样的自荐方式，才能获得考官的青睐呢？

马宇毕业于北方某一本院校，长得高大帅气，更让人佩服的是，大四那年，他已经很顺利地出版了两本小说。这件事在当时还引起了不小的轰动呢！

毕业之后，马宇很自信地到省日报社应聘，他没有去人力资源部，而是直接去了老总的办公室。还没等老总张口，他便口若悬河地介绍起了自己，最后又把自己的两本书作为压轴戏，很骄傲地拿出来放在老总的面前。

老总看了一眼包装精美的作品集之后，淡淡地笑道："上学阶段就能出书，真的不错。不过我现在有点忙，等我读完了再给你回复吧。你先去参加我们报社组织的笔试，只要你有真才实学，这份工作，你是不会错过的。"

马宇听了老总的这些话，就像吃了颗定心丸一样。那场据说分数占60%的笔试，他没怎么准备便去参加了。因为他几乎肯定，像自己这样优秀的人才，到哪里都是受欢迎的。

当马宇估计老总差不多已将那两本书读完，且充分领略了自己的文采的时候，他又去了老总的办公室。老总似乎已经把他忘记了，语气淡淡地问他有什么事。

马宇提醒道："您应该记得我的，我是那个读书时就出作品集的毕业生，我想您应该把我的书看完了吧。关于这份工作，您是否觉得我是最合适的人选？"

老总这才抬头看了他一眼，说道："笔试成绩出来了，如果你已经接到了面试通知，可以在两天后再来。至于你送给我的书，很抱歉我想不起来放哪儿了，你可以去隔壁问问我的秘书。"

马宇原本十分高傲的那颗心，在那一刻沉到了最低谷，因为气愤，他说话的语气也带着明显的激动。他抑制不住地质问道："凭着我的成就，难道我在这些应聘者里还不算优秀吗？我的那些书，还不足以说明我的实力吗？"

老总放下手中的工作，等他说完了，才慢慢解释道："我们当然需要很多出色的记者，但是也请你一定要记住，你所最引以为荣、最看重的东西，在别人眼里，或许并不怎么重要；每个人都有自己的事情，你没有理由要求别人将你手心里的宝贝也同样奉若明珠。我欣赏你的自信和才气，但我不喜欢你的骄傲和自得。在我的眼里，任何一个应聘者，不管能力大小，最重要的就是谦虚。毕竟，在别人那里，你只不过是一个没有任何工作经验的学生。"

初入职场，因为年轻，人往往容易好高骛远、争强好胜、急于求成，还没干什么事就想获得别人的认可，稍微受点打击就受不了，稍微有点成绩就骄傲，显得过于肤浅；且往往经验不足，缺少对公司文化环境及人际关系的了解，对工作可能也会缺少必要的历练和学习。急于出头的结果就是你将过早地被"毙"掉，因为公司雇用你是为了让你贡献力量，而不是只为培养你成长。你要展示给考官的，不是你本来有多么"优秀"，而是你与岗位相匹配的专业素质。

两年前，张萱离开了工作3年的国企，跳入"商海"中，做了一名普通的销售人员。当时，她没有对自己提出过高的要求，因为她觉得市场并不一定认可她在国企的辉煌。

张萱为自己整理思路：自己3年的国企工作经验可以看作一个纵向坐标，她了解房地产从物业到开发的全过程；如今，市场是个横向坐标，她需要对行业进行全面了解。

一次，张萱参加一个大型的人才招聘会，来到一家心仪已久的公司的展位前。她早就听说过，这家公司的人事主管工作能力一流，手腕强硬，同时也是个极为难缠的傲慢人物。张萱决定和他谈话时要直奔主题，用能力来证明自己。

"这么大的人才招聘会，我只关注两个公司，最后还是把简历投给了贵公司。"张萱递上简历，非常真诚地告诉面试官。

面试官立刻有了兴趣，试探着说了一句："你对我们的期望别太高。"

张萱的话接得很有技巧："我参与过这行的许多培训，从第一家到最后一家，经典案例始终是你们。现在，我想亲眼看看我听过的经典案例到底是怎样运作的。"

面试官立刻被她的话所吸引，就这样，张萱赢得了面谈的机会。

在面谈中，经过一番问答之后，面试官允许应聘者发问。到张萱时，她的问题引起了面试官的兴趣："在北京市刚刚评选出的金牌发展商中，你们处于哪个档次？""据我估测，你们的收入应该……那你们的转型是怎样操作的？"

一个接一个问题让面试官惊讶异常："你对我们经营策略了解之深入，如同你是策划者一样。"

张萱的表现，彻底折服了傲慢的面试官。

面试场上，你的表达艺术标志着你的成熟程度和综合素养。交谈要掌握分寸，不能喧宾夺主。回答问题要力求把握要点，精练准确，有条理。讲话在精而不在多，说话过多就难免有失稳重。说话要力求把握要点，说一些无关的事于己不利。

在职业起步的短短道路上，想要得到更好、更快、更有益的成长，就必须以归零思维来面对这个世界。把自己的姿态放下，把自己的身段放低，让自己沉淀下来，抱着学习的态度去适应环境、接受挑战。

面试时做好心理调整，避免过分紧张

求职面试，是对自己的一场重要考验。面试成功与否，不仅决定了你能否得到所求的职位，还关系到你在他人眼中的形象以及你的自我评价。面试有些紧张感是正常的，可如果过分紧张，就会使你的表现失常。

李晓峰在工作3年之后，获得了一次宝贵的面试机会。如果这次面试成功，他将进入这家业内有名的大公司，工作待遇和上升空间都会比以前好得多。

李晓峰很重视这次机会，他一早就起来洗漱，穿戴整齐，整理好面试资料，九点半准时来到面试地点。面试官有两位，是对方公司的人力资源部门主管和一位专员。李晓峰刚坐下，又有一位领导模样的中年男人走了进来，一位面试官介绍说这是市场部的孙经理。李晓峰在心里猜测，这位有可能是自己未来的上司，这次一定要好好地表现一下。

在介绍自己工作经验的时候，李晓峰的双腿总是不停地抖动，这让面试官们感觉很不舒服。但李晓峰自己并没有意识到有什么不对，在之后对新职位认识的陈述中，他又不自觉地摸自己的鼻子，借此平定紧张的情绪。对面的孙经理微微露出一种不耐烦的表情，这次李晓峰有所发觉，于是一阵心慌意乱，本来自己昨天已经做了充足的准备工作，一着急什么都忘记了。不一会儿，孙经理就出去了，剩下的面试官问了几个无关痛痒的问题，就匆匆结束了面试。李晓峰明白，这个好机会很可能要与自己擦肩而过了。

或许我们都有过这样的经历，当我们遇事胆怯、退却的时候，如果别人在一旁好心地安慰说："别紧张！没什么大不了的！"那么，我们自己也会在心底无数次地对自己说："别紧张，别紧张！"但是，不幸的是，这种办法往往会使我们更加不安。非但开始的紧张感无法消除，反而给自己制造了更大的紧张感。

正确的做法应该是，当紧张情绪出现时，首先不要采取抵抗紧张的措施，要坦然地面对和接受自己的紧张，告诉自己紧张是正常的，相信很多人在同样的情况下可能比你更紧张，想象一下有可能出现的最坏的结果是怎样的。其实这是在与自己的紧张心理对话。当消除了对抗情绪之后，体验、接受这一切时，你会发现，原来你也可以从容地应对眼前的一切，有条不紊地做自己该做的事情。

陈冬大学毕业已经有半年的时间了，在这半年内，他找了很多份工作，也有几次面试机会，但都因为他结结巴巴的表述而拒绝了他。这让他多少有些灰心。

这天，他在招聘现场看到有一家不错的房地产公司在招行政专员，于是凑上去递了一份简历。其实陈冬的学校和专业都不错，这一次他也接到了面试通知。

很快，到了面试的时间，陈冬早早地来到了面试现场。事实上，参加面试的只有三个人，而公司好像故意要给他们制造压力一样，竟安排了好几位面试官。

轮到陈冬面试时，他深深地吸了一口气，然后走了进去。在面试中，面试官问的问题非常刁钻，这让陈冬回答起来非常困难。但是，和前几次不同，陈冬并没有因此而慌乱，而是沉着冷静地作了回答。

很快，就在面试完的第二天，他接到了录用通知，成了那家企业的一名正式员工。谈起这次面试成功的经验，陈冬笑了笑说："其实我比任何一个人都渴望得到这份工作，但是前几次的失败让我深知，强烈的欲望会让我紧张，于是我对自己说，'即使不被录用，也没有关系，我又多了一次实战经验'。"事实上，正是陈冬的这种淡然心态让他非常放松，他才得到了这份梦寐以求的好工作。

在需要表现自己内涵的时候，害怕解决不了任何问题，而且这种糟糕的心理会逐渐蔓延，吞掉你最后一点信心。在这种情况下，你要丢掉包袱，从根本上解决紧张的问题。在进入面试环境时，要认识到自己是与对方抱着一个共同的意向和目标才聚在一起的，双方关系是平等的，诚恳、真挚、全身心地投入，不计较个人的脸面，患得患失的心理自然会被克制和排除。

相对于那种手心出汗的紧张者，有的人则正好相反，在面试中表现得很是随便，给人一种漫不经心的感觉。这容易给人造成一种错觉，让面试官感觉这个求职者对面试的结果抱着一种无所谓的态度。

这在应聘者本身看来或许是一种放松的表现，但是很容易在考官的心中留下对工作不积极、不热情、不主动争取的印象，最终导致面试失败。

过于紧张和过于随便，都不是让人欣赏的态度，需要我们进行适当的自我调节。在有紧张畏惧的心理时，面试前做几个深呼吸或者在心理上暗示自己不要紧张，都会起到很不错的效果。至于表现随便的应聘者，既然面试结果对你来讲不可能无所谓，那么不如态度认真一些，以免让考官误解你是个不积极的人。

回答问题简洁明了，更容易折服考官

如果你急于谋得一份工作，那么，你必须密切留意劳动市场的动态，大量收集职业的信息，做好心理的准备。求职找工作，现在是不折不扣的买方市场，稍微好点儿的单位一说招人，主管部门办公桌上的简历就能堆半尺高。

不管你是刚毕业需要找第一份工作，还是工作了几年想要换个新的环境，你都不可避免地要去面试，接受面试官的"责难"。只有了解那些主管招聘的人力资源经理是怎么想的，你才能有针对性地做好准备。

在进入一家公司之前，肯定要先通过面试，才有可能得到这份工作。那么，对于面试官来说，面试的目的是什么？当然是为公司挑选合适的人选，以供公司发展之用。那么，在挑选的过程中，面试官又最在意什么？是应试者的能力、素质、知识、经验等是否与公司的需求相匹配。面试官需要了解的是应试者"真实"的一面是否符合公司的要求。而面试者的目的通常是尽力让自己的表现符合公司的要求，以此谋取职位。

由此，我们可以换一个思维方式，假如你是公司人事部的负责人，作为面试官为公司招聘，你会怎么看待那些应聘者？

显然，在一大堆简历面前，很多人都会选择通过简历直接淘汰掉自认为不够优秀的。所以，你作为一名应聘者，首先一定要把自己的简历做好，把自己的优点描述上去。千万不要抱着侥幸的心理，认为入职之后自身能力就会被发掘，因为那就等于是在说："我现在还没有能力完成任务，今后还要大家带着我去学习，我一个人完成任务可能不行。"当你是面试官的时候，你会需要这样的人吗？当然不需要。所以你也一定不要做这样的人。

简历上要突出自己的优点，目的是给对方留下好印象，让对方把你筛选出来。到了面试阶段，对于一些问题据实回答，反而更能体现出你的真诚和坦率。

例如，当你被问到："你喜欢出差吗？"你可以直率地回答："坦率地说，我不喜欢。因为从一地到另一地去推销商品并不是一件惬意的事。但我知道，出差是商业活动中的一个重要部分，也是推销员的主要工作之一。所以，我不会在意出差的艰辛，反而会以此为荣，因为我非常喜欢推销工作，我想这一点更重要。"又如，主持面试的经理问你："如果我们接受你，你会干多久呢？"如果你这样回答："没人愿意把一生中最为宝贵而有限的时光花在不停地寻找工作当中，也不会有人甘愿轻易放弃他喜爱的东西。就拿这份工作来说，如果它能使我学以致用，更多地发挥我的潜能，也能令我从中获取更多的新知识与技能，并且得到相应的回报，那么，我没有理由不专心致志地对待我所热爱的工作。"那么,你所表现出的机敏、坦诚的个性一定是招聘者最为欣赏的。

在一大群匆匆忙忙的求职者中,如果你能给人一种特殊而深刻的印象,那么你求职成功的概率无疑会增大很多。

当一个人习惯站在别人的角度来思考事情,善于用别人的习惯来看待问题,能置身事外地评判自己,这种胸怀眼界,将直接提升他的高度。我们要学会换位思考,想到别人之所想,才能够做得让别人满意,才可以说到别人的心里面去,给别人留下好印象。所以,我们不仅在应聘的时候要牢记这个准则,在生活中与人有不同意见的时候,或在工作中需要向别人推销产品的时候,也要学会一种更深层次的换位思考,站在别人的角度想事情,并养成一种习惯。

第八章

气场效应，
修炼独具特色的个人气质

很多人因为自卑怯懦的心理，遇事总是习惯性地退让。这种人乍一看是人畜无害、和平友善的，但是事实上，他们是最容易被忽视的一类人。要想获得应有的尊重和认可，就要以鲜明的姿态亮出自己的实力，这也是心理学原理的运用，这样能增强对方对你的印象，达到自我推销的目的。

勇于表达观点，收获不一样的自己

一个人想要在社会上确立自己的地位，"喜欢自己"是必要的条件之一。只有懂得爱自己、喜欢自己的人，才能让别人喜欢。

生活在这个世界上的每一个人，都有自己的处世风格。坚持着自己想要的，始终本着自己的原则，一如既往地挺起做人的脊梁，在某种意义上来说，是更大的成功。

常志刚刚跳槽到一家新公司，在企划部工作。

一次，他负责的一个营销计划被执行部门全盘否定了。在公司的例会上，常志很想表达自己的意见，因为公司这次的产品和以前的产品定位不同，所以他才对固有的模式进行了改动。但是同事悄悄地拉了拉他的衣服，示意他不要在老总面前与公司元老对立。

那天晚上，他打电话给大学里一位关系不错老师，现在这位老师已经下海创业，他希望老师能帮自己指明方向。老师告诉他："要做什么尽管大胆去做，不要把事情想得太复杂，什么上司面前要留下好印象，什么前辈会给你穿小鞋……在新公司里，你如果拿不出自己的观点，就无法确立自己的地位。其实，职场上的规则很简单，只有一条，尽你最大的努力做好自己分内的工作就好了。只要有成绩，对公司有贡献，别的都是次要的。"

于是常志照常推行自己的计划，并获得了上司的支持。新产品上市后，工作进行得有条不紊，很快就吸引了一部分新的经销商。老总表扬他是新产品推广的功臣，而他与同事的关系也没有受到什么不良影响。

面对棘手问题，一味妥协并不是最好的办法，有力地表达自己的观点和立场才能让对方肃然起敬。对于一个没有观点和立场的人，人们既不能称其为朋友，也不能称其为敌人，有时甚至会认为他是一个隐患。因为他随时都有可能倒戈。所以，几乎没有人愿意和这类人交朋友。

有些时候，很多人会心存顾虑——自己是新人，在前辈面前，如果刻意坚持自己的观点和立场，别人会不会认为自己是在"班门弄斧"呢？

当然，初来乍到以谦虚的姿态和老同事相处是应该的。而谦虚是一种态度，它丝毫不会妨碍你的言行。况且无论是上司还是同事，他们都喜欢积极、有进取心、有想法的年轻人，而不是畏畏缩缩不敢坚定自己立场的人。

我们的传统文化讲究"温良恭俭让"，这是一种人生态度，而在今天，我们还需要一种舍我其谁的精神。到社会上看一看，那些事业成功之人或即将成功之人，从言谈举止到调控局面的能力,都隐隐露出一种王者之风。

  所以,很多时候,如果你不坚持自己的观点和立场,别人就会觉得你对工作根本没有什么想法,认为你没有真才实学,一旦你被视为"透明"的人,便属于可有可无的人了。不管怎样,你都不能有自卑的心理,许多事情都是我们不可以选择的,但我们不能让这样的心理拖我们的后腿。自信能使一个平凡的人变得不平凡,而自卑会使一个平凡的人变得更加庸庸碌碌,最后沦为陪衬。

心理学法则：第一印象为什么重要

生活中有这样一种现象，如果一个人给人的印象良好，大家自然会给他相应的优待，以后就顺理成章，进入一种良性循环。所谓人抬人高、人踩人低，说的就是这种现象。一些心理学实验也证明了其中的道理。

心理学家进行了一项实验：把两辆一模一样的汽车分别放在两个相邻的生活小区。一辆车完好无损，另一辆车的车窗玻璃被心理学家敲了一个大洞。结果，第一辆车停了一个多星期也没有人动一下，而另一辆敲破车窗的汽车在当天夜里就被人偷走了。心理学家在这项实验的基础上提出了一个"破窗理论"。他们认为：如果建筑物上的玻璃被砸坏而没有及时修复，别人就会受到一些暗示性的纵容，去打烂更多的玻璃。久而久之，这些窗户就会遭到更多人的破坏。

我们从"破窗理论"中可以得到这样一个启示：一个人给别人留下什么印象，主要是取决于他平时的表现。如果他能够经常保持良好的心态，那么他就能够得到别人的信任和尊重；如果他做什么事情都有一种自卑的心理在作祟，破罐子破摔，那么就难免会招来别人的轻视，甚至会遭到别有用心者的戏弄和嘲笑。

一家医院的儿科同时进来两名刚毕业的小护士——小清和小玉。实际的工作毕竟和在学校学习的理论不同，尽管她们两个都是科班出身，但刚上手做事还是手忙脚乱，因此，难免被心疼孩子的家长抱怨、被护士长批评。

每当遇到挫折，小清的情绪就非常激动，跟谁都没有什么好脾气，仿佛吃了枪药。她明面上不跟护士长顶撞，私下里却怨声不断："凭什么总是说我？我干得好好的……这对我来说太不公平了！"带着情绪去工作自然没什么好结果，许多患者都反映小清工作不认真，态度恶劣。和她一起值班的同事，看到她总是这样，都不愿意和她接触、躲着她，后来就有点厌烦她了。

小玉则完全不同，她做事勤快，有问题就向老护士虚心请教。遇到小孩子怕打针、哭泣，她就会轻声细语地安慰他们。不论是同事还是患者，都对小玉印象很好。受到大家的表扬，小玉有点儿不好意思，但更多的是深受鼓舞，心情愉快的她工作起来也更带劲了。

试用期结束后，小玉和医院正式签订了合同，而小清却被淘汰了。

我们每个人都不愿意做被砸的"破窗户"，所以，在一开始的时候，千万不要让自己的心劲泄了，在困境中微笑，才是一个聪明人应该选择的做人态度。有很多人常常因为别人看不起自己而垂头丧气，却忘记了反思一下：究竟是什么原因导致了别人看不起你。其实，这一切的根源还是在你自己的身上，如果你没有自卑心理，那么，在平常的生活中，你就不会无精打采、毫无斗志，更不会有人看不起你。你应该明白，首先是你自己将自己定位在了弱者的位置上，最后才招致了别人的瞧不起。

如果一个人一直认为自己是一个无用的人，是一个面临不幸的人，是一个没有任何优点的人，那么他就不可能取得丝毫的成就，他也必将因为自我贬低而失败，别人也会对他进行无情的嘲笑和打击。如果一个人尽管身上存在着这样或者那样的缺陷，但是他依然能够让自己保持一个强者形象，那么，人们非但不会瞧不起他，反而会越来越拥护他，把他捧得越来越高，让他变得越来越强。

谦虚是美德，但别过分低调

在人们心目中树立起自己的权威形象，不是一朝一夕的事。但是就与还不了解你实力与底细的人接触而论，有两点至关重要，那就是信心和热忱。

你是否有过这样的困惑：为什么同样的一个建议，从你的口中说出与他人的口中说出所产生的是截然不同的两种效果？在某种情况下，为什么有着比他更出色才能的你，却无法像他那样得到别人的认可呢？

这与实力有关，也与你的表达方式有关。我们都有这样的印象，同一件事，分别用疑问和肯定的语气讲述，给人的印象会有很大的差别。例如，你去买水果，问老板说："这个西瓜到底甜不甜呀？""你的橘子甜吗？"在这种情况下，如果对方用暧昧不明的语气回答说"大概很甜吧"，或"我想不会酸吧"，那么，你十有八九会掉头就走。但是，同样的货物，如果改用这样的语气回答："如果我这儿的西瓜不甜，哪里还能买到甜西瓜呢？""我这里绝对不卖不甜的西瓜！"生意一般就做成了。这就是心理学原理的运用——增强对方的信心，达到成功推销的目的。

同样的道理，有些人在工作中面对某些问题时，明明有自己的见解，却思前想后、犹犹豫豫，等到其他同事提出后才懊悔不已。一次一次的错过，使他们失去了很多表现的机会。还有一些人，平时说话总是模棱两可，明明是一个正确的意见，却让他人产生模糊的感觉，这也会让他人对他们的整体水平产生怀疑。

一个人，有了信心，就会有气场，就会让人觉得安稳，从而给人一种安全感。这种气场，其实就是"影响力"。

杨阳大学毕业后，应聘到一家广告公司工作。他的上级经理是他们学校前几届的学长，对杨阳很关照，一直在用心带他。

杨阳工作认真，许多事务性的工作都处理得很好，但是，和客户谈业务时，他总是差点儿火候。有一次，公司要为一家食品企业做广告设计，这是老客户了，这次单子数额也不大，经理就让杨阳去沟通。他告诉杨阳明天自己会和他一起去拜访客户，让杨阳放开了去谈合作。

这次会谈虽然很愉快，却没有什么实质性进展。经理帮杨阳分析问题说：

"没错，对方是甲方，我们是乙方，对方是出钱的。但你谈业务时姿态也没有必要放太低，记住一点，我们是用作品说话的、有实力的公司！广告公司拉广告是帮助企业赚钱，企业宣传好了赚的是大钱，广告公司赚的只是小钱。和人谈广告，你要让客户感到与广告公司合作会有效果，可以带来收益。你需要站在客户的角度、站在消费者的立场上多想问题、多了解情况，帮助企业设计出切实可行的广告方案，这样谈业务成功率才会提高。"

杨阳真的把经理的话听进去了，感觉思路一下子被打通了。以后再谈业务时，他都是换上雪白的衬衫，精神抖擞地去见客户，充满自信地向客户介绍自己的公司。慢慢地，杨阳由一个职场菜鸟，变成了客户关系良好、业绩出色的优秀职员。

在实际生活中，很多人的低姿态已成了习惯，乃至言谈举止都带着谦卑的烙印。我们不是说谦逊已不合时宜，但应该注意的是，在不了解你实力的陌生人眼里，过分谦逊会使你像一个无足轻重的小人物。

人们的眼睛多是往上看的，当我们需要外界的助力时，表现自己的困境永远不如展示自己的信心更有力度。有些人之所以能在人群中脱颖而出，不是因为他拥有多少现成的资本，而是因为他的自信本身就是一种可贵的无形资产。对于那些善于推销自己的人来说，世界上根本不存在分辨不清的是非，甚至不可能有模棱两可的现象，他们总是言辞明确，充满自信。人们很容易被他们感染，成为他们强有力的支持者。

善于推销自己，才能出奇制胜

心理学家马斯洛认为，一个完全健康的人的特征之一就是"充分的自主性和独立性"。有很多人遇事首先想到别人，追随别人、求助别人，人云亦云、亦步亦趋，没有主见，不敢相信自己、不能自己决断，在家中依赖父母家人，在外面依赖同事或上司，就是不敢自己创造、不敢表现自己，这都意味着个体的人格没有成熟、没有健全。

这样的人会给人一种怎样的印象呢？对于身边的人来说，你是一个懦弱者，而对于初次接触的陌生人来说，你就像一个布景板一样，对方根本不会留意你。没印象就是最糟糕的印象，一个根本没有存在感的人，哪里有表现自己的机会呢？

机会不会自动找到你，你必须不断且醒目地亮出你自己的优势，让别人发现你，进而赏识和信任你。

我们在各种社交场合中，应顺其自然地表现自己，不要总是考虑别人会怎样看自己、自己要如何迎合他人。要知道，你在别人心目中的形象并不差，而别人也不是十全十美的；你是一个和别人一样有思想、有性格、有自尊，独立、完整的人，千万不要因为自己个别的或次要的不足而全盘否定自我。你和对方是处在同一地位的，为什么不拿出一点自尊心来，大胆而自信地表现自己呢？

一个人如果不能独立地办成任何事情，操纵和把握自己的命运便无从谈起，他的命运只能被别人操纵。当他有利用价值时，人家便会利用他；当他的利用价值没有了或者已经被利用过了，人家便会把他抛开，让他靠边站。只因为他太软弱无能，只因为他的心中只相信别人，不敢相信自己，更没有自信能胜于他人。

其实，许多工作的开展，都特别需要人的勇气、毅力、坚韧、果断、积极主动的态度和创造性精神。显然，唯唯诺诺者不会让人感到放心，人们绝不敢把重担交付给他！

身处陌生的场合，当自己感到紧张、害羞的时候，要学会用意念控制自己，暗示自己镇静下来，此时什么都不必去想，要把眼前的陌生人当作自己的熟人。心理研究表明，一个非常怕羞的人，当他在陌生场合勇敢地讲出第一句话以后，随之而来的将不再是新的害羞，他很可能会滔滔不绝起来。用自我暗示的意念控制方法来突破这开头的阻力，是一种克服畏怯心态的有效措施。

第九章

幽默定律，
诙谐有趣是最高级的魅力

心理学家认为："你能使周围的每一个人甚至是整个世界的人都对你有好感，只要你不只是到处与人握手，还友善、机智、幽默地传播你的信息，那么，时空距离就会消失。"幽默，能使你的人际关系充满温暖与和谐，使你周围的人都对你有好印象，这就是幽默的魅力。

真正有趣的人心胸开阔

"幽默是具有智慧、教养和道德上优越感的表现。"在适当的场合,以幽默的谈吐来增强交际的生动性和亲切感,是聪明人必备的特点之一。幽默虽隐含着引人发笑的成分,但它绝不是油腔滑调地耍嘴皮子那么简单。大凡有幽默感的人,都不乏文化教养和品德修养;而一个心胸狭窄、不学无术的人是不会有幽默感的。

在这个开放的年代,那种板起面孔、高高在上的作风已经没有市场,各个领域的佼佼者,从来都不吝于把轻松愉快带给大家。

成功者自己在笑,也肯对这个世界敞开怀抱,其心里的微笑和坦然也会自然而然地流露出来,成为他们处世的基调。于是我们看到,那些成功人士往往都是一副怡然自得、心平气和的样子,很少有急躁、抱怨和嫉恨的情绪,因为他们拥有可以把握自己命运的自信,也有着可以纵横四海的能力。

幽默感是一个人智慧火花的闪现,它不仅可以表现在私下的调侃上,就是在一些万众瞩目的公开场合,富于幽默感的讲话也是受到人们热烈欢迎的。

大部分情况下，人们总是不喜欢听道理，而愿意听故事的。这固然是因为故事本身情节曲折、更有趣味性，但是也和说话者讲话的方式有关系。在大庭广众之下讲话，许多人往往会对自己的讲话寄予太高的期望，着力打造一种见多识广且有内涵的形象，不料一不小心劲儿使大了，反而显得既乏味又刻板。其实，真正会讲话的人从不会这样，他们说出话来总是活泼中见真情，有道理又有趣味。

礼貌和教养，可以让我们在社交场合取得一个良好的分数，如果能在其中加入幽默感，我们会更加独具风采。

幽默让你在第一时间博得他人好感

在生活中，豁达幽默的人总是受人欢迎的，要想在初次"亮相"时就博得他人好感，幽默是一种惠而不费的秘籍。

为了实现自己的奋斗目标，我们要和形形色色的人打交道。在和别人打交道的时候，第一印象是最重要的。要想在短时间内赢得别人的欣赏和认可，就要在第一印象上多下些功夫。因为人与人之间第一次的接触，就可以令彼此在心中形成一个大致的评价，这个大致的评价，能够直接影响到以后的发展关系。一般来说，在自己的"初交宣言"中融入感情，再加上风趣幽默的表达，就可以将交谈带进你所期望的氛围中来。

最后要注意的一点是，我们强调讲话的趣味性，并不是说讲话者需要像演员一样去做戏，而是建议说话者将自己真实的情感融入说话中，不要太夸张，不要太做作，这样才能大方自然地表现出自己内心的情感，给人留下良好的印象。

著名华裔诺贝尔物理学奖得主、美国第12任能源部长朱棣文2009年在天津大学发表《能源与气候：共同的挑战，共同的机遇》演讲时说：

"小时候，不知道谁告诉我，说地下的石油都是恐龙遗体变的。我那时就感到奇怪，为何那些恐龙都死在沙特阿拉伯呢？"

此言一出，会场马上响起一阵愉快的笑声。简短的欢愉之后，朱棣文继续讲述他应对能源问题和气候变化的思想和理论。在一个多小时的演讲中，不仅他的学识折服了听众，他那插科打诨的演讲艺术也使得枯燥的科学演讲风趣生动，深深地吸引着观众。

朱棣文讲的是很重大、很严肃的问题，但他的听众是一群21世纪的年轻人，那种一板一眼的陈述可能无法调动他们的兴趣。所以，他不吝插科打诨，待听众的注意力被吸引住、产生活跃的气氛后，再接着原有思路讲下去。就这样，他很快使本来陌生的冰冷气氛融化开来，而双方情感的桥梁也随之架了起来。

整天哭丧着脸，没人会喜欢

无论是大人物还是小人物，生活中有些困难波折是很正常的。有什么难处自己消化稀释，把开心愉快的一面展示在人前，如此，才有可能照亮别人的心。好心情带来好印象，好印象照亮好出路。

有一个人很"惧内"，同事取笑他，问："你家里的事，到底谁说了算呀？"他回答："大事，我说了算；小事，夫人说了算。谁决定什么是大事什么是小事？这种小事，就是夫人说了算！"众人笑了，他也笑了，一片轻松愉快。别人本想取笑他"惧内"，让他在众人面前"出出丑"，然而，他的幽默却引来了大家的笑声，也轻轻松松地为自己解了围。

有些人因为目前的处境并不尽如人意，做起事情来就采取机械应付的态度，以致把自己搞得疲惫不堪、苦不堪言。其实，只要你善于发现、善于调整，自然就会发现工作生活之中的乐趣，从而让生活重新充满快乐。

派克水产市场是闻名世界的水产品市场，位于美国的西雅图市。在派克水产市场，人们能够看到洋溢着快乐的"飞鱼"，处处都是爽朗的笑声。

当你来到这个市场的时候，很快就会看见市场的尽头聚集了一群人，老远就能够听到他们的鼓掌和叫好声。走上前去，你就会发现大家好像是在看街头表演，里三层外三层地围着不少人，都在看几个穿着亮橘色塑胶背带裤的年轻小伙子——只见其中一个小伙子从身旁的鱼摊上拿起一条鲑鱼，转身朝柜台上丢去，用十分快乐的声音大声地喊道："鲑鱼飞到威斯康辛！"柜台里的人敏捷地伸出手去，抓住那条鲑鱼，大声地喊道："鲑鱼飞到威斯康辛！"随着他的喊声，那条鱼也包好了。顾客接过"飞鱼"之后，就在围观群众的欢呼声中满意地含笑离开。尽管海风越吹越冷，但是这鱼摊总是被人潮与笑声围得暖烘烘的。

有人问鱼贩为什么这么快乐。鱼贩如实地告诉他，以前，这个水产市场里一点儿生气都没有，人们在忙活了一天后，往往觉得骨头架子都要散了。很多人对这种沉重的工作感到不满意，因此经常抱怨。但是，后来他们觉得，与其每天去抱怨沉重的工作，不如改变一下对工作的态度。从那时候起，他们就不再去抱怨又脏又累的工作，而是把卖鱼当成一种生活的艺术。到了后来，市场上的人们就想出了一个又一个的创意，也赢来了一串接一串的笑声，而他们也成为水产市场中的奇迹。

无论何时何地，有笑声的地方总是最具有吸引力的地方。大家都喜欢跟制造笑声的人交往。因为制造笑声的人更容易接近，会给别人一种亲切感。

能让别人笑的人，走到哪里都是受欢迎的。

有的人能成为"名嘴"，并不是因为他演讲的内容有多好，而是因为他有幽默感，能让全场笑声连连，即便演讲没什么内容，大家也不会太过计较。有"名嘴"的演讲，人们往往准时"报到"。

在餐桌上，幽默的人可带动全场的气氛，让人留下愉快的回忆，而这位有幽默感的人也必定会成为餐会中的主角，让人印象深刻；同时，还有一个可能——以后常会有人请他吃饭。

官员或企业主管若有幽默感，也可以在无形之中凝聚向心力，化解不必要的纷争，给别人留下亲和的印象。

有生活经验的人都会认识到幽默对于人生的重要性。在很多时候，幽默可以拉近人与人之间的距离，使你获得更多的好感与赞誉；而且，这个时候你所赢得的称赞，往往不是对你语言功夫的赞美，而是对你个性魅力的肯定。

巧打圆场，营造和谐氛围

我们在与别人交往中，难免会发生一些不愉快的事儿。这时候你又是如何应对的呢？只要不是原则性问题，大可不必认真。如果在这些情况下从容地开个玩笑，紧张的气氛就能消失得无影无踪，而且对方也会被你的魅力吸引、被你的宽广胸怀感动，改变对你的负面印象，最后真正接受你。

在人与人之间，当矛盾发生时，那些缺乏幽默感的人会把事情弄得越来越僵；而有幽默感的人却不同，幽默在某些情形下会产生一种神奇的效果，它能让人感受到说话人的机智和善意，使其观点变得容易让人接受。

不论你从事的是什么行业，不论你是成熟还是年轻，幽默的力量都能为你增色不少。它能帮助你含蓄而豁达地表现自己，帮助你成功地与他人交往和沟通，帮助你将不利于自己的状况一一化解。风趣幽默的语言往往能产生"四两拨千斤"的力量，达到举重若轻、以一当十的交流效果。

英国大文豪萧伯纳的剧本《武器与人》首次公演即获得巨大成功。谢幕后，观众们要求萧伯纳上台接受他们的祝贺。当萧伯纳走上舞台、准备向观众致意时，突然有人对他大声喊叫："萧伯纳，你的剧本糟透了，谁要看？收回去，停演吧！"观众们都以为萧伯纳肯定会气得发抖，哪知道，萧伯纳非但不生气，反而笑容满面地向那个人深深地鞠了一躬，很有礼貌地说："我的朋友，你说得很好，我完全同意你的意见。"说着，他转向台下的观众："遗憾的是，你我两人反对这么多观众能起到什么作用呢？你我能禁止这个剧本演出吗？"萧伯纳的话音刚落，全场就响起了一阵快乐的笑声，紧接着是观众们暴风骤雨般的掌声。那个挑衅者只好灰溜溜地逃出了剧场。

幽默不仅是一种说话技巧，更是一种智慧，这种智慧中蕴含着一种宽容、谅解以及灵活的人生姿态。无论你多么伟大、多么善良，对你"挑刺儿"的人都可能随时存在。脸红脖子粗地和他争辩，只会降低你的格局。而那种看似随意的幽默反击，却可以显示你的轻松和大度。谁强谁弱，观者心里自然是有数的。

一个幽默的人，能够给身边的人带来无穷的欢乐，因而备受欢迎。有些人天生就浑身充满了幽默细胞，但并不是说没有这种秉赋的人就改变不了自己平淡刻板的形象。

一个人的幽默感与他的生活实践紧密相连，我们要使自己谈吐风趣，最好的办法是向生活学习。中外无数的大政治家、大思想家、大文豪都是极富幽默感的人，而在我们的周围也不乏开朗风趣之人。跟各行各业的人聊天，你会经常意外地发现，他们运用语言之妙，足以令人倾倒。在接近他们的过程中，你会增强自己语言的库存和会话的才能。幽默，也是一种"酵母"，跟幽默的人在一起待久了，自己就会受到"传染"。

现代人习惯"碎片式"阅读，即便这样，我们依然可以把从网络上或者报刊上看到的好文章或让自己心动的话语记下来，或摘抄在卡片上。哪怕一天只记一两句，也是很有意义的。写文章讲究"读书破万卷，下笔如有神"。说话和写文章是一个道理，自己肚子里的东西多了，才能够随时说出有趣又有益的话来。

为人不世故，善自嘲而不嘲人

饱含幽默的话语，就像一杯加了糖的浓香扑鼻的咖啡，但是糖要加得适量，不然就会破坏原本的口味。我们需要幽默来调剂情绪、活跃气氛，但是，若不注意分寸，就会适得其反。因此，幽默也要适当。

很多人喜欢说一些调侃的话，以图改变严肃刻板的形象，这当然并无不妥，只是被调侃的对象也要经心"挑选"。

调侃可以拿自己开刀。"自嘲"算是语言运用中的一个较高境界。自嘲是缺乏自信者不敢使用的技术，因为它要你自己嘲弄自己，也就是要拿自身的失误、不足甚至生理缺陷来"开涮"，对丑处、羞处不予遮掩、躲避，反而把它放大、夸张、剖析，然后巧妙地引申发挥、自圆其说，以博他人一笑。没有豁达、乐观、超脱、调侃的心态和胸怀，是无法做到自嘲的。

能自嘲表示你放下了架子，轻装上阵，往往能使人在会心一笑中对你产生好感。自嘲实质上是当事人采取的一种貌似消极、实为积极的促使谈话向好的方向转化的手段。醉翁之意不在酒，表面上是在嘲弄自己，实则另有深蕴。所以，自嘲在许多场合具有特殊的表达功能和使用价值。

笑自己，安全无害，活跃气氛；调侃别人的时候，就要考虑对方是不是担得起你的调侃了。一般情况下，开些无伤大雅的玩笑并无不妥。

这天午休，同事们聚在一起聊天，一位身材丰满的中年女同事说："杂志上说其实我们每个人的身体真正需要的营养比我们实际摄入的要少好多，发胖主要是因为我们没有自制力，管不住自己的嘴巴。"小高接过话茬，说："可不是嘛，我觉得这篇文章应该换个显眼的题目——《活该你胖》，谁让你管不住自己的嘴巴！"这位女同事听了，当时就把脸给沉下来了。

虽然说有时候同事间开玩笑可以调节气氛，但是，若不把握好度，就会产生不好的影响。有道是："言者无心，听者有意。"有时候，随意的一句话，如果使用的语言不合适，就会让别人不高兴，更别说是随意拿人开玩笑了。

善用幽默的人，能使人们的关系更和谐。但是要切记一点，幽默要使用得适当，不能和人开不适当的玩笑，否则会让人感到被歧视，失去了交际的平等感，使他人受到伤害或是陷于尴尬之中，损害他人对我们的印象。

第十章

礼仪心理，
文明的言行让人如沐春风

我们每个人都有着不同的出身、经历，不同的性格特点，表现出来的行事风格也都不一样。但是，社会有一个普遍的准则，那就是无论一个人如何隐藏自己的不足之处，他不经意间的举止，依然会明明白白地勾画出他的品行、实力。如果不想给自己的形象抹黑，任何时候都不要忘了"有礼有节有分寸"的处世法则。

亲昵的称呼，拉近彼此之间的距离

生活中，我们与人刚见面或者遇到熟人时，都会采取一种表示友好的方式——打招呼，可以说，打招呼是一种最简便、最直接的礼节，我们每天都有可能需要使用，因此，打招呼的方式也会透露出人们的性格信息。心理学家认为，打招呼的方式因人而异，没有千篇一律的打招呼方式，打招呼和应答的方式，都可以反映出人的性格特点。

吴薇薇和肖悦是公司新来的应届生，两人被安排在同一部门，做同样的工作，在工作能力和工作业绩上也不相上下，但两个人在为人处世方面则有很大不同。

吴薇薇还保留着在学校时的习惯，对同事不是直呼其名，就是小张、老王地乱喊，这惹得公司里一些资格很老又有一定职位的同事很不满，他们觉得这个女孩不懂得尊重前辈，十分没有礼貌。在一次聚会中，部门经理当场唱了一首歌，其中有一句跑调了。大家都低着头，若无其事地打着拍子，只有吴薇薇"噗"地一声笑出来，弄得经理唱也不是不唱也不是。

当然，作为上司，经理不会因为这点儿小事找新员工的别扭，但是，考虑到吴薇薇做事不成熟、没分寸，经理自然不放心让她去见重要的客户或者上层领导，因此常常把一些打杂、跑腿的活儿派到她的头上。

肖悦的表现则不一样。她见谁都恭恭敬敬的，对周围的同事，有职务的称呼职务，没职务的则喊张哥、李姐。她下班以后，看有人没走就会留下来，与人家聊聊天、说说闲话。谁有什么困难，她也会尽力帮助；当然，她也经常向别人求助。虽然入职不久，但她和大家相处得十分融洽。

不久后，公司出现了一个经理助理的空缺，公司里上上下下都一致认为肖悦是最佳人选，她也顺理成章地坐到了这个位子上。

5年之后，肖悦从当年的新人变成了公司的骨干；比起肖悦来，吴薇薇从职位到薪水都差了一大截，而她自己也心灰意懒，认为自己运气太差，无论如何也比不过肖悦了。

现在的年轻人，大都受过良好的教育，底子都不差。但是，在漫长的人生历程里，"做人"也是一项非常重要的基本功。如果我们要想在工作中顺遂如意，单靠勤勤恳恳地埋头苦干是不够的，来自周围的印象分，绝对是一个人最佳的成功助力。

理顺方方面面的关系，合适的称呼是第一步，也是非常重要的一步。中国自古就是礼仪之邦，而称呼作为一种相互之间交往的礼节，也越来越受到人们的关注。

小王毕业于一所财经院校的会计学专业，虽然他们学校不是"985""211"名校，但也是老牌的省内重点大学，他所学的专业又是学校的重点专业，本省的金融、税务系统中，有一大批人是他的师兄师姐。

毕业后找工作时，小王顺利地入职了一家大型私企的财务部门。他目前的工作是会计助理，跑银行、报税都是日常工作。小王出去办业务，只要一得知对方跟他是同一所学校出来的，就主动上前套近乎，"师兄""师姐"挂在嘴上。母校小师弟来了，大家一开始还觉得挺亲切的，但小王总是不分时间、场合地乱叫，导致有个地税局的师姐为此十分头疼。本来税务部门和企业的关系就很敏感，小王正常办业务时，也当着满办公室的人招呼师姐，让人不由得揣测起他们的关系来。师姐也颇为尴尬，又不好明说。这种没深没浅的学生做派，实在让人吃不消。

职场新人到底应该怎么称呼同事和领导？专家建议，应根据所在单位的性质，因地制宜地采用合适的称呼。

国企以及日、韩的企业一般等级观念较重，最好以姓氏加级别来称呼同事及领导，如王经理、于总等。如果正职不在场，既要明确表示职位，又要表示尊敬，一定要省去"副"字；如果正职在场，所有副职一定要注意加上"副"字，否则无异于自讨苦吃。

在一些中小型私营企业，由于办公室文化比较宽松、同事关系相对轻松，可以直呼其名，称呼主管也可以是"头儿""老大"。

在欧美背景的外企，每个员工都有英文名，彼此一般直呼英文名字，即使是对上级、老板也是如此。同时，要注意外企中有不少职位都用英文简称，对此，应尽快熟悉起来，避免在工作中出现低级错误。

而在有些机关、事业单位以及一些文化类单位，称呼依旧沿用老的传统。新人进入单位对同事以"老师"相称，也是一种尊敬、谦虚的体现。

良好的礼仪，让你更受欢迎

礼仪是什么？有人把礼仪理解为繁文缛节，觉得那都是虚伪的客套，这种想法显然是错误的。礼仪是在人际交往中，以一定的、约定俗成的程序、方式来表现的律己敬人的过程，涉及穿着、交往、沟通等内容。从个人修养的角度来看，礼仪可以说是一个人内在修养和素质的外在表现；从交际的角度来看，礼仪可以说是人际交往中的一种艺术、一种交际方式或交际方法，是人际交往中约定俗成的示人以尊重、友好的习惯做法。

在我们的社会生活中，礼仪可以说是无处不在，对其有着不同的定位和理解的人"交流"起来，"问题"还是不少的。

小段是做艺术品生意的，一次，一个朋友给他介绍了一对生活在中国的英国夫妇——泰勒先生和他的夫人。小段很高兴，因为有很多外国人都喜欢有中国风的艺术品，小段希望泰勒夫妇能把他的店铺介绍给更多的外国朋友。一天，小段约泰勒夫妇在一家西餐厅见面，但这次见面很不成功，这对夫妇，尤其是泰勒夫人，对小段的印象很不好。

原来，到餐厅一见面，小段就只忙着跟泰勒先生握手，而把泰勒夫人冷落在一旁；吃饭的时候，小段只顾和泰勒先生谈笑风生，完全没有照顾泰勒夫人的需要，连泰勒先生都有些尴尬了。相约一起用餐本来是为了加强联络增进感情，但这一顿饭吃下来，小段留给泰勒夫妇的印象却直线下降。泰勒夫人直接告诉小段的朋友说，她认为小段是个很没修养的人，很难相信他鉴赏艺术品的眼光。

与人初次交往，礼仪是一个人修养的最直观体现。在现代社会，尊重妇女是体现绅士风度的一个重要方面，女士优先的礼仪之道，具体说来，有以下要求。

（1）男士应该在进门、出门时主动为女士开、关门。

（2）男士在女士面前是不能随便吸烟，实在要吸烟，应去吸烟室，或者征询女士的意见。女士同意，才可吸烟。

（3）女士在入门处更换外衣、外套时，男士应主动帮女士把外衣、外套挂在衣帽架上。

（4）女士落座时，男士要主动为女士移动椅子，方便女士入座。

（5）当女士手提沉重物品在室外行走时，男士要主动上前提供帮助。

（6）在大型宴会或公共场合发言或致辞时，按照国际惯例，开场白应为："女士们、先生们，大家好……"

日常遇到有女性需要帮助时，也应热诚而主动地去为她效劳。不过服务宜适中，切忌热心过度。例如，你可以替女士拿行李，却不必替她拿手提袋、遮阳伞和花花绿绿的包装物；陪女子遛狗，可以帮她拉拉狗绳，但是对于她抱在怀中的小型宠物，就大可不必代劳。

礼仪欠周固然令人不快，但礼仪太多也会让人难堪。绅士风度是温文尔雅，而不是热情如火，一定要在社交中把握好这个度。

礼仪涉及友好、尊重、认同等多方面的意义。你想要在某一个圈子里如鱼得水、受到大家的欢迎和喜爱，得宜的风度和表现是人们为你打分的基础。在社交生活中，我们一定要做到讲礼节、有分寸。

在语言的礼节方面，有五个最常见的礼节语言的惯用形式，表达了人们在交际中的问候、致谢、致歉、告别、回敬这五种礼仪。如问候用"您好"，告别用"再见"，致谢用"谢谢"，致歉用"对不起"，回敬是对致谢、致歉的回答，通常用"没关系""不要紧""不碍事"等。在分寸感的把握上，要做到语言有分寸，必须配合语言要素，要在背景知识方面知己知彼，要明确交际的目的，要选择好交际的方式。同时，要注意如何用行动去恰当表现。

在社会生活中，礼仪可以说无处不在，在酒会上，在会议中，在宾馆，在剧院，这种种场合中你所表现出的风格，都是你个人素质的直接体现。只要你懂得礼仪的意义，并真正从内心开始重视它，那么，在每个公众场合都树立起自己的优雅形象，便不再是一件困难的事。

懂得察言观色，为人处世面面俱到

初次进入一个陌生环境或者初次与陌生人相见时，我们都希望给人留下良好的印象。这种心理是很正常的，因为，对于熟悉的人来说，你的各方面情况他们都了解得很清楚，偶然的不佳表现不会影响到整体的印象。对于陌生人来说则不同，你若能有一次惊艳的表现，就等于把好印象"印"在了他们心里，发挥得好，有事半功倍的效果。然而，也正因如此，以致有些人为了表现而表现，用力过猛，反而失了应有的水准。

琳达是一家外企所辖分公司的员工，经过几年的奋斗，她现在已成为这家公司的公关部经理。

一次，总公司的几位高层领导在北京举行宴会，除了北京分公司的总经理外，美国总部也来了不少要员，再加上一些大客户的参与，宴会的场面显得非常盛大。

琳达在商场中有着一定的声誉，平时也喜欢以女强人自居，毕竟，让她最引以为豪的就是她一直都非常出色的业绩。

正是因为自认为业绩卓越，所以，她在一些宴会中，风头常常凌驾于北京分公司的总经理之上。总经理是一位性格宽容的好好先生，一般也不会让她难堪。于是她更加有恃无恐，并准备抓住这次宴会的时机，开拓新的职业生涯。

宴会当晚，琳达周旋于宾客间，确实令宴会气氛甚为活跃。到总公司的高层和主管分公司的总经理致辞时，琳达在旁一一介绍他们出场。轮到她的上司，即分公司的总经理时，她竟先说了一番感谢词，虽然只是三言两语，但已让总公司的主管皱眉，因为她当时只负责介绍上司出场，而无独立发言的权利。

在宴会的过程中，总公司的主管主动与她交谈了一番，发现她在提及公司的事务时常以个人主见发表意见，完全不提经理的意见，给人的印象是，她才是这个分公司的总经理。

琳达本想趁这个机会一鸣惊人，谁知却给总公司的领导留下了"太自我、没分寸、不利于团队合作"的恶劣印象，她的职业辉煌，也就止步于此了。要不是她的业绩还好，连保住原先的职位都成问题。

我们每个人在社会中都充当一定的角色，在孩子面前你是父亲，在父母面前你是儿子，在妻子面前你是丈夫，在上司面前你是员工，在下属面前你是领导……每个角色都有着自己的位置，如果你越过了这个位置，你的生活将会变得十分混乱。在一个团体中，每个人也都有自己的位置，我们应该身在其位，做自己该做的事情，不可有越权的行为，这是职场中最忌讳的事情。即使你处在得意的位置上，也不要忘形，否则难免会受到同事和上司的排挤。该管的事情你可以管，不该管的事情,还是少插手为好。

小唐是某市教育局人事科里一名相当有人缘的员工,他虽然参加工作时间不长,但留给同事、上司的印象非常好。

其实,他在刚刚来到人事科的时候,连一个能够说得上话的人也没有。因为他那时刚出校门,总觉得自己"天下第一",经常在同事面前吹嘘自己的名校资历和工作能力。同事们听到之后,都感觉他的尾巴要翘到天上了,觉得这个人太自以为是,因此纷纷躲得远远的。后来,还是有多年机关工作经验的叔叔一语点破,小唐才意识到自己的幼稚和荒唐。

从此之后,他再也不吹嘘自己的成就了,而是认真地倾听同事们的意见。在工作上遇到了一些或大或小的问题时,他也总是虚心地向同事们请教,然后踏踏实实地做好自己的分内工作。对于权限之外的事情,他多看多学,但不会随意发表意见。随着时间的推移,大家逐渐改变了对小唐的印象,很自然地把他当成了可以信赖的朋友。

有的人虽然思维敏捷、才能卓越,但是在与人相处的时候总是自高自大,看不起同事和朋友,把别人虚心的求教当成拍马屁,将他人友好的劝说当成挑刺,让人感到狂妄,乃至在心里对他产生深深的厌恶,不愿意和他进行过多的交往,在一些人际活动中也有意识地去排挤和孤立他。这种人可能是想通过表现自己的才能来引起别人的注意,塑造卓尔不群的个人形象,结果却适得其反。实际上,一个人的优越感越强烈,别人对他的反感也就越强烈，如果不加以改正，这个人最终会把自己推到孤立无援的地步。

所以说，一个人处世的分寸和火候十分重要。这就如烧火做饭——如果不加温，饭永远不会熟；但若是柴添多了，火太大了，就会把饭烧焦。盐搁少了，会平淡无味；多了，同样难以下咽。说话有度，交往有节，办事伸缩得当，才可能有更多的人欣赏你，愿意把好机会留给你。

注重仪容仪表，塑造良好形象

一个人留给他人的印象如何，是一种综合性的考量。尽管每个人都有着不同的出身、经历，不同的性格特点，但他是不是注重仪表，则是其整体形象中最直观的一点，也将直接影响别人对他的评价。

古代的贤人修身求成，对自己的要求是非常严格的，他们不但注重志向、道德、意志等带些理想主义的词汇，在生活习惯、言行举止的小节上，对自己也绝不放松。

清末有位当朝权贵，膝下无子，只有一个视为掌上明珠的女儿。他要为女儿选一个合意的女婿，精挑细选之下，有三个年轻人入了他的法眼。这三个年轻人中有两人是官宦子弟，一个是刚刚得中进士的书生。

权贵大人在府中摆下酒席，邀请三个年轻人赴宴。到了约定的时间，权贵大人故意不露面，让他们在客厅中等候，自己则在暗中仔细观察他们的态度。只见那两个官宦子弟刚开始还一本正经地端坐，时间不久就开始焦躁不安，一会儿整衣掸尘，一会儿到门前张望。只有那个书生一副"既来之，则安之"的姿态，欣赏墙上的字画。后来权贵大人询问他们客厅中字画的细节，只有书生一人答得出来。于是他认为书生有大家风范，是可造之才，选他做了乘龙快婿。后来，书生果然没辜负他的期望，为官做事，都有非凡的才干。

这就是古人的印象法则，一言一行，一举一动，都要合乎规矩，否则你就通不过暗中的考验。一代名臣曾国藩的"修法十二课"中，第一条就是"持身敬肃"，要求衣冠外貌保持整齐，心思神情端正严肃，时时刻刻都要警惕、检查自己的念头、举止中有无背离义理之处。

"持身敬肃"的最高境界，是让人一见之下衷心钦服。我们要向前辈圣贤看齐，可以从最基础的地方开始修炼。

人们常说"站有站相，坐有坐相"，如果一个人在当众讲话时既没站相又没坐相，那丢人就丢到了大众的面前。而对讲话者本人来说，没有正确的姿态，往往会令其感到手脚无处摆放，一边讲话一边为自己的姿态分心，讲话的效果如何也就可想而知。

高尔基在赞扬列宁的演讲时说："他的演讲和谐、完整、明快、强劲，他站在讲台上的整个形象——简直就是一件古典艺术品，什么都有，然而没有丝毫多余、没有任何装饰。"那么，怎样的站姿才算是最恰当的姿势呢？

1. 自然站姿

两脚自然分开，平行相距与肩同宽。这是比较正规也是最简单的一种站姿。

2. 稍息站姿

在说话时一脚自然站立，另外一只脚向前迈出半步，两脚跟相距12厘米左右，两脚之间形成75°夹角，这样的说话姿势就是稍息站姿。说话时若是一直采用这种姿势，则会显出比较单调的形象，而且由于其重心总是在后脚跟上，在说话过程中也需要经常变换姿势，令身体在短时间内里松弛，得到休息，因此，通常不会长时间单独使用这种姿势。

3. 前进站姿

前进式是公开说话时用得最多、使用最灵活的一种站姿。它的主要姿势是右脚在前、左脚在后，前脚脚尖指向正前方或稍向外侧斜，两脚延长线的夹角约呈45°。

这种姿势没有固定重心，所以说话者可以随着上身前倾与后移的变化而将重心分别定在前脚跟与后脚上，不会因身体长时间无变化而不美观。前进式能使手势动作灵活多变，由于上身可前可后、可左可右，还可转动，因此能保证手可以做出不同的姿势，表达出不同的感情。

站立的姿势适当，会使人觉得全身轻松、呼吸自然、发音畅快，特别有助于提高音量，同时，也只有站姿合适，才能使身姿、手势自由地活动，把自己优雅的形象充分地显露出来。

另外，很多时候，我们是采取坐姿讲话、交谈的。坐姿的基本要求是要文雅、大方。落座时要轻盈、和缓，切忌急急忙忙，人未站稳就重重地将屁股落在椅子上；落座后要保持上身正直、头平稳，千万不要有歪斜肩膀、半躺半坐或两手交叉在胸前等不良姿势；两腿要微曲并拢，两脚并起或稍前后分开，不要跷二郎腿、勾着脚。这种坐姿显得轻松而不过于放纵，可以营造和谐融洽的友好气氛，加深彼此的了解和友谊，缩短双方的心理距离，一般适用于交谈、接待、座谈会、联谊会等场合。

总而言之，与人打交道特别是在与陌生人的交往中，一举一动都有通用规则，也有一些禁忌。在这个前提下，我们可以根据场合要求和活动规格，自由选择最有利于展现自己的姿态进行交际，体现出自身的最佳风貌。

保持距离，成年人最舒适的社交法则

从心理学的角度来讲，一个人与另一个人的亲密程度往往视其与对方的距离而定。空间距离较近，心理距离则较近；空间距离较远，心理距离也较远。因为，双方距离缩短的同时，彼此的戒备心理也开始消失，而且有产生亲密感的心理倾向。

美国有3位社会心理学家对麻省理工学院17栋已婚学生的住宅楼进行了调查。这是些2层楼房，每层有5个单元住房。住户住到哪一个单元，纯属偶然——哪个单元的老住户搬走了，新住户就搬进去，因此具有随机性。

调查时，所有住户的主人都被问道："在这个居住区中，和你经常打交道的、最亲近的邻居是谁？"

统计结果表明，居住距离越近的人，交往次数越多，关系越亲密。在同一层楼中，和隔壁的邻居交往的概率是41%，和隔1户的邻居交往的概率是22%，和隔3户的邻居交往的概率只有10%。多隔几户，实际距离增加不了多少，亲密程度却有很大不同。

这个实验证明：彼此的物理距离直接影响彼此的心理距

离。这就是所谓的"接近的功效"。那么，是不是人与人之间的空间距离越近，对于彼此关系的建立越有利呢？这就需要把握一个"度"的问题了。

人和人之间需要保持一定的空间距离。人人都需要一个私密的自我空间，它犹如一个无形的"气泡"，为人们自身划分出一定的"领域"，而当这个"领域"被他人侵犯时，人便会觉得不舒服、不安全，甚至开始恼怒。

一位心理学家做过这样一个实验：在一个刚刚开门的大阅览室里，当里面只有一位读者时，心理学家便进去拿椅子坐在他或她的旁边。实验进行了整整80个人次。结果证明，在一个只有两位读者的空旷阅览室里，没有一个被试者能够忍受一个陌生人紧挨着自己坐下。在心理学家坐在他们身边后，被试者不知道这是在做实验，更多的人很快就默默地起身到别处坐下，有人则干脆明确表示："你想干什么？"

"距离法则"运用在人际关系中，便是人与人之间的相处不能距离太远，太远了关系会显得生疏，从印象的角度考虑，便无法给人留下什么印象；但也不能距离太近，太近了，关系太过亲密，势必会出现摩擦、矛盾，便会给人留下不良印象。

最合适的距离，应该是不远不近、不亲不疏、不分不离，让各自都有自己的空间和秘密，也让彼此都能够体会到对方的关心与爱护。这样，当你求助于对方或者接触对方的时候，对方也会接受你的请求，而你也更易向对方施加影响。

通常而言，彼此间的自我空间范围是由交往双方的人际关系与他们所处的情境来决定的。据此，心理学家划分了四种区域或者距离，每种距离分别对应不同的关系。

第一种是亲密距离。这是人际交往中的最小距离，也就是人们经常说的"亲密无间"。它的范围是0.15~0.44米，在此距离内，人们可以通过一定程度上的身体接触来体现出相互之间亲密友好的关系。

第二种是个人距离。这是在人际交往过程中稍有分寸感的距离。在此距离内，人们相互之间直接的身体接触不多。其范围是0.46~0.76米，以能够互相握手及友好交谈为宜。这是熟人之间交往的空间。

第三种是社交距离。它和个人距离相比，无疑又远了一步，体现的是一种社交性或者礼节上的比较正式的关系。其范围是1.2~2.1米，人们在工作场所与社交聚会上通常都保持这种空间距离。

第四种是公众距离。这种距离是在公开演说时演说者和听众之间保持的距离。它的范围一般为3.7~7.6米，其最远范围在几十米以外。

人与人之间的交往，一定要把握好分寸。尽管我们有着良好的愿望，希望提高自己与别人的亲密度，但也必须记住"亲密不可无间，美好需要距离"。

第十一章

焦点效应，
让自己成为人群中的亮点

在世界的大舞台上，能留给每个人的空间其实并没有多大，没有特点的话，你只能是芸芸众生中的普通一个。改变境遇的最佳途径就是学会运用心理学上的聚光效应，让自己抢眼，让人记住自己的长处和优势。

社交高手一定要主动出击

不同的态度产生不同的结果，有许多人之所以平庸了一辈子，就是因为他们一直在等待慧眼识人的伯乐来发现自己，却缺乏站出来推销自己的勇气。古希腊哲学家苏格拉底说过："要使世界动，一定要自己先动。"一个真正有能力的人，不但善于把握机会，更懂得大胆及时地表现自己，为自己创造机会。

商界的成功人士，有很多也是造势的高手。为了在人们心目中长期保持风云人物的形象，他们招人眼目的作风不亚于那些超级明星。

在现实生活中，我们要勇于出头，力争早日出头。例如，有些人到一家公司上班几年了，老板仍旧对他们没有什么深刻的印象，再不主动出头，就不知要被埋没到什么时候了。抓住一切机会，把自己介绍给老板，是提升职场身价的重要一步。

如果你在电梯中遇见了你的领导，毫无疑问，你的一分钟表达将决定他对你的印象，这时候简洁表达最能表现你的才能。你应主动向他问好，并表现你的修养与仪态，也许你大方、有礼、自信的形象会在他心中停留较长一段时间。

工作餐时间也包含着你与领导接触的机会。如果领导在工作餐中有会见安排，你最好不要去打扰。如果领导没有特殊的安排，你便可以一显身手。你应尽量与他接近，搭上几句话。最好能有幽默的效果，因为工作餐时间不是工作时间，要制造轻松欢快的气氛，领导也很累，如果你能用简单的话语或简洁的行动使他感到轻松，他会特别注意你。如果领导找不到就餐的位置，你可以主动站出来让出你的位置，不要怕别人嘲笑，下属尊重领导本来就是很正常的事。此外，公司的年会、各种会议的间隙及至走廊里的偶遇，你都应抓住机会，给老板留下良好的印象。

当今时代，老板用人的第一原则是要为他们创造价值，因此，他们更喜欢那种积极主动并富有挑战精神的人。在我们周围，可以找出很多勇于毛遂自荐的人获得成功、羞于自荐的人仍在原地踏步的例子。特别是在当今竞争如此激烈的社会中，只怕很难出现"待价而沽"或等人"三顾茅庐"的情况，如果不主动出击，不让别人看得到你，知道你的存在，知道你的能力，你就有可能"坐以待毙"或错失良机。

打扮亮眼，在人群中脱颖而出

古语云："美玉藏于深山，人不知其美；黄金埋于地下，人不知其贵。"一个优秀的人，如果只是深藏不露而不能表现自己，人们就不能看到他存在的价值。这样下去，他即使有绝世的才华，也会被渐渐埋没。

我们经营自己的第一步，应该是让更多的人认识我们。如果大家对你根本没有什么印象，又怎么谈得上与你相互提携、共同发展呢？

曾经有一个衣衫褴褛的男孩，跑到正在修建摩天大楼的工地向一位衣着华丽、口叼烟斗的建筑承包商请教："我该怎么做，长大后才能跟您一样有钱？"

承包商看了小家伙一眼，回答说："小伙子，去买件红衬衫，然后埋头苦干。"

小男孩满脸困惑，百思不得其解，只好再次请他说明。承包商指着那些正在脚手架上工作的建筑工人，对男孩说："看到那些人了吗？他们全都是我的工人。我无法记住他们每一个人的名字，甚至连有些人的脸孔都没印象。但是，你仔细瞧，他们之中有一个晒得红红的家伙，穿一件红色衣服。我很快就注意到，他比别人更卖力工作。他每天总是比其他的人早一点上工，工作时也比较卖力，而他又总是最后一个下班。就因为他那件红衬衫，使他在这群工人中间特别突出。我现在就要过去找他，派他当我的监工。从今天开始，我相信他会更努力，说不定他很快就会成为我的副手。"

承包商接着说："小伙子，我也是这样爬上来的。我工作非常卖力，表现得比其他人更好。如果当初我跟大家一样穿上蓝色的工作服，那么，就很可能没有人会注意到我的表现了。所以，我天天穿条纹衬衫，同时加倍努力。不久，我就出头了——老板注意到了我，提拔我当工头。后来我存够了钱，终于自己当了老板。"

在大公司里，每个人的舞台都会缩得很小。高层主管能叫得上名字的普通职员不会很多，你表现得再卖力，也要先给他们一个特殊的印象才成。很多人正是因为找到了一个合适的机会展示了自己，好业绩、好人缘、上司的重视、晋升的机会才不"争"自来。

于阳进入大学的时候，他的学长告诉他，在大学里，争取做一个班干部，这样有利于以后的发展。学长还偷偷告诉他一个秘诀，就是要多在老师们面前晃晃，让他们注意到自己。

在新生阶段，于阳经常很"聪明"地出现在辅导员面前，他特别擅长把握机会，因此很快让辅导员熟悉了自己。因为辅导员也是新毕业的大学生，对于学生不熟悉，安排很多事情都会惹来争议，所以于阳就主动请缨去沟通。渐渐地，他的做事能力得到了老师的认可。以后有什么事情，老师都会不由自主地将事情交由他来办，而在班级里，他也成了核心。

工作之后，于阳采取的方法依然是高调行事，让领导注意到自己，并通过努力让他们认可自己。在公司例会上，他不是那个滔滔不绝的人，但是总会说出一些建设性的意见，无论对错，都会让领导觉得他认真地去分析、去调查、去统计了。慢慢地，于阳成了公司的主力人才，无论是培训还是学习的机会，都会有他。

一个人要想有所成就，就要恰当地运用"聚光效应"，不要奢望别人会主动来关注自己，而是要积极主动地把自己的才干展示给他们看。

让自己抢眼，一定要有足够抢眼的实力。某演员在被人指责很多戏都是抢来的时，干脆利落地回了一句"抢戏也得有抢戏的实力"。让自己抢眼，也一定要让人记住自己的长处和优势，切忌给人留下负面的印象。要知道，让自己抢眼并不是一味地出风头，也不是一味哗众取宠，而是让他人意识到自己的存在，能在最关键的时候、最需要用人的时候想到自己。

利用对方的好奇心，让他对你产生好印象

心理学上把"不禁不为、越禁越为"的现象称为"禁果效应"。"禁果效应"存在的心理学依据在于，无法知晓的"神秘"事物，比能接触到的事物对人们有更大的诱惑力，也更能促进和强化人们渴望接近和了解的诉求。我们常说的"吊胃口""卖关子"，就是因为人们对信息的完整传达有着一种期待心理。

某啤酒厂的一个推销员，他们公司生产的啤酒口味纯正价格适中，成为周边许多城市主要的啤酒消费品牌。但是他在工作中发现一个问题——在附近一个小城市里，他们生产的啤酒销量很低，很多年都没有改观。于是他到那个城市的各个超市去作调查。原来，这个城市近郊有一家小型的啤酒厂家，这个厂生产的啤酒口味一般，价格上也没有太大的竞争优势，但是他们给超市、饭店的折扣特别大，所以慢慢地垄断了本地市场，外地啤酒便很难打进来。

啤酒推销员想出了一个办法，他联系当地相关部门，由厂家出活动费用，在市中心广场搞了一个"××啤酒之夜"。活动前几天，先在广场边立下一个大大的广告牌，以淡蓝的雪花

为底色，上面只有几个大字："八月酷暑，××来了"。过往的车辆行人都议论纷纷：××究竟是什么？几天之后，"××啤酒之夜"开幕，人们才恍然大悟。品尝到免费的××啤酒之后，这里的人们对它的好感度大增。啤酒推销员趁热打铁到各超市铺货，超市老板们也大都知道了这个牌子的火热，就答应试销。××啤酒在这里抢滩登陆成功。

成熟的业务员或者与人打交道的经验很丰富的人，都明白这样一个道理：在接近陌生人的过程中，起主要作用的不是理性，而是情感。人们在购买一样东西时，很多时候是受到好奇心的驱使。满足好奇心是人们普遍存在着的一种行为动机，抓住这一点，就可以让你在最短的时间内接近对方。

人类社会的发展和人类的好奇心有非常大的关系，法国和意大利合拍的电影《智人》就讲述了"好奇心是人类认识大自然和自身的原动力"这一道理。好奇心使人类不断地探索，不断地累积知识和文化。同样的道理，你要增加自身对别人的吸引力和受喜爱的程度，就不能总是扮演一味唯唯诺诺的"好好先生"的角色。

实际工作中，很多下属对于上司的话言听计从，只会被动适应上级。这种俯首帖耳的"老绵羊式"作风，反而不易得到上司的赞赏。为了让上司赏识自己，身为下属应该掌握吸引上司注意的各种方法与技巧。这是发挥自主性、能动性，摆脱依附性、服从性，从而表现自我并获得上司赏识的有效途径。

"禁果效应"利用得好，可以促使人们对好的东西更感兴趣。要利用好这一效应，一方面，不要把不好的东西强调成"禁果"；另一方面，可以把别人不喜欢但有价值的事情人为地变成"禁果"以提高其吸引力。

一分钟吸引人的自我介绍

与人交往，第一次见面说得好，会给人留下深刻的印象，甚至令人终生不忘；而如果说得差，就可能让人反感，令人再也不想与之打交道。所以说，第一次见面的交谈最好能一炮打响。

一般来说，开始说话的前几分钟最能吸引听众，原因是：在这最初的几分钟内，每个人都会有意无意地表达自己的真实感觉。"开场白是讲话者向听众最先发送的信息，它如戏曲演出前的开场锣鼓，直接影响到听众的心态。"

安心的工作是平面设计，她的专业能力很好，且有一年的工作经验了，但她在单位并不受重视。因为公司在业内算是相当具有规模的，新人表现的机会其实并不多。

一天，安心手头有一份海报需要交工，就独自留在公司加班。这时正好经理也在加班，他从安心的工位前走过，无意中看了一眼电脑里的文档。安心看见了，马上抓住机会问道："您也加班啊？我是设计部的安心。您看看我做的这个行吗？我是这么想的……"就这样，安心快速地让经理了解了她的思路，也看到了她的能力。在经理的心目中，安心从一个几乎没有太多印象的小职员，变成了一个有潜力的新人。

将自己"隆重推出",其实不必花太多时间,只需要寻找一个机会,即使是一个只有几分钟的机会,我们也要对它足够重视。时间的长短,并不影响我们的自我介绍,摆在我们面前的问题,是如何自然引出自己的"尊姓大名",以及怎样的介绍才能让人印象深刻。

一般人在自我介绍时,常常含糊地把名字念出来或递出一张名片就草草结束,其实这无异于浪费了制造好印象的绝佳机会。自我介绍的本事越强,就越能引起他人对你的兴趣,因此,你应善于把握自我介绍的机会。在自我介绍时,掌握一些技巧便显得尤为重要。

1. 用一句话来概括自己的姓名

可以用一句话说明一下自己名字的来历或特殊含义;可以采用联想法或谐音法让别人记住自己的名字。例如,叫"魏逸群",就可以概括成"一个人喂一群鸽子"。这样别人想要记住你的名字就会很容易了。

2. 用一种动物来比喻自己的性格

大多数人都喜欢动物,而且各种动物在人们脑海里基本上都有一个特别的形象。用这种方式来展现自己的性格特点,更让人觉得亲近,同时也让人难以忘记。

3. 用一句话来概括自己的职业

用一句简洁的话来概括自己的职业,更容易加深别人对你的印象,让他人能在较短的时间内对你有较深层次的了解。例如，"我在IBM负责一个小组的管理工作，主要是开发一些软件。"

进行自我介绍时要力求简洁，尽可能地节省时间。通常以半分钟左右为佳，如无特殊情况最好不要超过一分钟。有的人自我介绍时，左一个"我"怎样怎样，右一个"我"如何如何，叫人听了反感；有人把"我"的形象树立得很高大；更有甚者，一提到"我"便洋洋得意，这样的自我介绍都不会给别人留下良好的印象。

为了提高效率，在自我介绍的同时，可同时递上名片、介绍信等辅助资料。

一般递名片的顺序应是地位低的先把名片交给地位高的，年轻的先把名片交给年老的。不过，假如是对方先拿出来，自己也不必谦让，应该大方收下，然后拿出自己的名片来回递。

向对方递名片时，应该让文字正对着对方，用双手同时递出或用右手递出，千万不要用食指和中指夹着名片给人。在递名片时，应用诚挚的语调说，"这是我的名片，以后多联系"，或"这是我的名片，以后请多关照"。如果自己没有带名片，那么要跟人家解释："对不起，我没带名片。"

自我介绍是对自己的一次推销，勇于向陌生人推介自己，可以给人留下一个深刻的印象。我们在自我介绍时要大大方方、不卑不亢，切不可吞吞吐吐、左顾右盼。应该勇于向他人展示自己，树立自信，让别人产生进一步了解你的愿望。

第十二章

晕轮效应，
放大亮点快速提高吸引力

　　心理学家认为，人们对人的认知和判断就像日晕一样，由一个中心点逐步向外扩散成越来越大的圆圈，并由此得出整体印象。这种晕轮效应能成就人，也能欺骗人，在人际交往中，我们应当尽量避免晕轮效应的负面影响，使其发挥积极作用。

注意交际细节，让你备受欢迎

"晕轮效应"最早是由美国著名心理学家爱德华·桑戴克提出的。在认识人的过程中，人们常从对方所具有的某个特征而泛化到其他一系列有关特征，也就是从所知觉到的特征泛化推及未知觉到的特征，从局部信息形成一个完整的印象。这种强烈知觉的品质或特点，就像月亮形成的光环一样，向周围弥漫、扩散，从而掩盖了其他品质或特点，所以人们也形象地称之为"光环效应"。

有时候"晕轮效应"会对人际关系产生积极影响，如你对人诚恳，那么，即便你能力较差，别人对你也会非常信任，因为对方只看见了你的诚恳。"晕轮效应"不但常表现在以貌取人上，还常表现在以服装定地位、性格，以初次言谈定人的才能与品德等方面。在对不太熟悉的人进行评价时，这种效应体现得尤其明显。

有一位女士去应聘行政经理，路上赶上一场大雨，幸好走得早，又带着雨衣，这才及时赶到面试地。当来到招聘单位的电梯前时，她取出手纸把鞋擦净后，把纸扔进了垃圾桶。当她坐在面试经理面前时，经理看完证书之后没问她任何问题，微笑着告诉她："欢迎你加入我们公司。"

当她不敢相信地看着经理时，经理告诉她："第一，这样的天气你仍然来了，说明你做人有原则，很守信用；第二，没有迟到，说明你准备充分走得早，很守时；第三，衣服没湿，说明你昨天看了天气预报，来时一定带了雨具；第四，我们刚刚从公司的监控录像中看到了你的行为，说明你很有修养、很细心。你很适合行政经理的职位。"

类似的事情，在我们的生活中比比皆是。例如，在关于求职的故事中，有很多面试的情节：某人找工作时被婉拒，灰心失望之下，慢慢地向外走。这时他看到门口有一片纸屑，就捡起来扔进了垃圾桶里。于是面试结果出现大反转，他被录用了。某人面试表现出色，面试官正要恭喜他的时候，他忽然冒出一句不甚得体的口头禅来，于是被本来就不相上下的竞争对手乘虚而入。这些故事会到处流传，正说明了细节在人们心目中的影响力，这也是"晕轮效应"的直接体现。

我们在社会上打拼，经常要接触到一些陌生的环境、陌生的人物，当有人对你的资格和能力产生怀疑时，巧用"晕轮效应"，可以快速提升你在他人心中的印象指数。

一位著名策划人这样讲述自己到一家大公司谈业务的经过：

"该公司董事长虽然表面上对我很客气，可是我分明读出了一丝他对我这个'乳臭未干'的小子的能力和水平的将信将疑。我知道，这样僵持下去，等到接待时间一过，也就意味着这个至少100万元的业务泡汤了。我必须当机立断，给这个董事长打一剂强心针。

"我立马让助理打开笔记本电脑，给这个董事长展示我们公司一些大客户的名单和项目。董事长开始有些心动了。这时候，我又不失时机地从电脑里找出我和'世界百位设计大师'中的名人等一流CI专家的合影，并就他们做过的一些著名案例进行了简单的介绍和评价。我这些特殊的工作经历，让他似乎觉得我年纪轻轻就和这些大师们打成一片，一定是有些真才实学的。

"董事长把接待我的时间从10分钟延长到30分钟。后来，他在董事会上力挺我们公司接手这一项目。我们后来的合作非常愉快。"

陌生人之间交谈，除了了解对方、让对方多开口外，还要看准形势、不放过应当说话的机会，适时插入交谈、介绍自己，适时地"自我表现"，以便让对方充分了解自己。例如，一位领导曾巧遇一青年，当问及他多大年龄时，青年介绍说："二十八岁，研究生刚毕业。"领导随后问，那你一定是工作一段时间后又考研了。他高兴地说："是的，我是已经工作了三年又考研究生的。"接着他又谈起了他所学的专业和工作后的情况，这样一来，双方都加深了了解，拉近了距离。

推介自己时,"晕轮"的中心点不必太多太大,与其堂而皇之地美化自己的特长,不如真诚坦率地强调自己的某一种具体特点,这更容易让人相信,也更容易引起别人的兴趣。

利用晕轮效应，有好名声才能成功做事

俗话说："雁过留声，人过留名。"名声的好坏，和一个人的成败有着必然的联系。一个美名远扬的人，会让别人产生敬仰之情，更能激发起别人对他的热爱和支持；一个臭名昭著的人，会让别人产生厌恶的情绪，见到他就会绕道走。两种不同名声的人，所取得的成就大小也是有着天壤之别的。

冯异是东汉开国名将，他追随光武帝刘秀打天下，刘秀对他很是器重。

冯异为人谦逊低调，遇到地位比他低的将领也很是客气，甚至主动给他们让道。他所率领的军队，也颇受主将之风感染，打仗勇猛但纪律严明，从来没有那些兵痞的恶习。

每一次战斗结束之后，刘秀都要论功行赏。别的将军都会大声地争执功劳的大小和奖赏的多少，但是冯异从来不会炫耀什么，也从不和人争功，只是一个人独自坐在大树下默默无言地总结战斗的经验教训。时间久了，人们看到冯异这样的作风，就称呼他为"大树将军"。"大树将军"这个称呼迅速在全军中传播开来，所有的将士都很佩服冯异。

冯异的部队打了胜仗，重新整编军队时，很多降卒受"大

树将军"名声感召，自愿编入他的麾下。这种令士卒们自发爱戴之心的德望，是冯异同时代的将领们都比不了的。

成功者处世，所能达到的理想功效就是令人"不见其人"就有"久闻大名"之感的效果，如果你拥有如此非凡的声誉，那么，从一定意义上来讲，你就拥有了自己的个人品牌。在这样一个市场经济的社会中，名声更是一个人做事的资本。

想扬名立万的确不是一件容易的事，但是无论怎样，名字、名声对我们是至关重要的，当你的美誉越传越广的时候，自然就有了一种光环效应，别人还没有见到你的时候，对你的好印象已经先入为主。我们应时刻有这样的意识，即在我们有限的圈子里珍惜自己的声誉，并且逐步扩大自身的知名度。

陈子昂是唐朝初年的大才子。当年他初到长安时，因为人生地不熟，没有机会去结交那些权贵和大人物，自己的才能很难得到发挥，所以郁郁寡欢、心情低落。

一天，陈子昂在街上闲逛，看见一位卖胡琴的人索价百万，很多豪门子弟、文人学士都在议论胡琴价值，但是没有一个人肯花重金去买。这时候陈子昂走了过来，十分爽快地买下了那把胡琴。围观的人看了之后，都感到非常吃惊，纷纷问他为什么要买下来这把琴。陈子昂高声回答说："此琴名贵，我又善操此琴，所以就花高价把它给买下来了。"有人问："你愿意弹奏一下这把琴，让大家都欣赏一下吗？"陈子昂回答说:"当然可以,各位若有兴趣,明天中午请到宜阳里来,到时候我一定会为诸位献上一曲的。"

这个消息一传十、十传百。第二天,很多豪门子弟和文人学士齐聚宜阳里,只见欢宴嘉宾的酒席已经摆好。陈子昂向大家敬了一杯酒,又环视四周,高声说道:"在下陈子昂,乃蜀中文士,写了不少诗文,自信皆为呕心沥血之作,只因初到贵境,不为人知。现于操琴之前,特为各位朋友朗诵拙作一篇。"

陈子昂有着深厚的文学功底,在朗诵上也毫不含糊,等他读完自己写的诗文之后,全场发出了阵阵的叫好声。这时候,陈子昂却变得沉默了,等别人都安静下来之后,他长叹一声说道:"唉,弹琴只不过是一种娱乐的消遣,并非我们文人学士心之所系。这琴虽名贵,对我究竟有什么作用呢?"说完当场将琴摔碎,随后将自己印好的诗文遍赠宾客。一时间,陈子昂的豪举和他的文名传遍京城长安,他的诗文亦为世人所重视。

陈子昂虽然把价值连城的胡琴摔得粉碎,但是他巧用这种方式宣传了自己,让自己从一个默默无闻的后生变成了名噪一时的才子,同时获得了那些达官贵人的重视,为他以后的成功铺平了道路。

自古以来,许多人能取得卓越的成就,和他们的好名声是分不开的。我们要想让自己的事业有更大的发展,就应该在平常的生活当中多注重积累好名声,以获得越来越多人的支持。

打造个性标签，让你与众不同

虽然我们都是一些平凡的人，但是每个人身上总有一些与众不同的特点。你可能想象力丰富，也可能思维缜密，可能意志坚定、耐得住寂寞，也可能亲和力强、人缘超好。如果对这些特点等闲视之，它们也就是平常的性格特点而已；如果用心去发掘，说不定就可以围绕着自身的特点创造出巨大的效益来。

想想看，你身上除了性别、年龄、工作、职位这些固定的描述，还有什么更能代表你这个人呢？即别人都不行而你行或者别人都行而你更优秀之处，提起这项特别的地方，人们都可以不约而同地将其和你联系起来。专业特长的影响是显而易见的，在每一个组织里，搞技术的人总有自己不可取代的位置。另外，一些特别的资历，也可以成为一个人的"晕轮"核心点。

我们可以这样理解：所谓资产，就是你身上最有价值的东西。许多人在生活中尤其是处于困境中的时候，很容易对前途灰心，他们总会有这样的疑问：我什么都没有了，现在该怎么办好呢？但是你真的什么也没有了吗？其实每个人身上总有一两个出色的地方、有自己擅长的事,这就是每个人自身的资产。

舒月的口才、风度都很好,在学校的时候,她就经常在各类的演讲比赛中获奖,成了学校里的风云人物。毕业那年,舒月也是凭着这样一项特长进了一家知名公司的公关部。在公司里,舒月的特长得到了淋漓尽致的发挥,无论是应酬客户还是在公司内部举办活动,她的话总是那么富有感染力,让听者不知不觉就赞同了她的观点。每到逢年过节公司内部的联欢会上,舒月都担任主持人。在公司里,舒月是公认的才女,因此,她在公司发展得很好,提升得也很快,短短三年,舒月就成为这家知名公司的公关部经理了。

事实上,别人没有而你有的东西就是你的特色标签,能让人们发现你、记住你,在这个过程中,一些本来可能降临到别人身上的好运气,就更可能降临到你身上。

每一个人都应该努力根据自己的特点来设计自己,量力而行;根据自己的条件、才能、素质、兴趣等,确定发展方向。

你是否真正了解自己呢?可以根据以下的标准对照一下。

1.我曾经学习了什么

在大学里,你从专业学习中获取了什么?包括各种证书,所掌握的一些基本知识。踏入职场后你又学会了什么经验?掌握了哪些技能?

2. 什么是我最优秀的品质

请不要敷衍自己，对自己做一个详细的描绘，并把你的这些优点逐条写在纸上。给自己写一封自我推荐信，然后，与自己面对面地谈话，排除其他杂念，一心一意想着你就是推荐信里写的那个人，你的身上有许多别人不具备的优点。

3. 最成功的事是什么

你做过的事情中最成功的是什么？如何成功的？通过分析，可以发现自己的长处，如坚强、智慧超群，以此作为个人深层次挖掘的动力之源和魅力闪光点，形成职业设计的有力支撑。

那些懂得去培养自己优点的人，都是聪明、勤奋且上进的人，他们懂得如何使自己的生活更加丰富多彩，而且他们确实利用"晕轮效应"在一定程度上改变了自己的生活。

小小坏习惯，会毁了你的形象

我们都有这样的体验，一张洁白的纸，如果被点上了一个黑点，会让人心里非常不舒服，整个注意力都被集中在黑点上。这就像一个人如果有个明显的小缺点，那么他的优点就容易被缺点掩盖，缺点反而被放大成整体印象。

这就是"晕轮效应"的反向影响。如此评价一个人，肯定失之偏颇，但是这种心理倾向又是普遍存在的，所以我们只能这样提醒自己：看别人时，看大局，看全面；自己处于被评判的位置时，即使小节也不疏忽，以防别人只通过印象就全面否定我们。

有位经营果园的农夫，年轻时外出和×省人做生意受过骗，回到家乡后便一直宣扬×省人的可恶，他说×省人个个都投机取巧、不讲规矩。

一天，有两个陌生人上门，说要买他果园里的苹果。

生意上门，农夫很高兴，他把他们带到果园里，让他们自己挑选苹果。这两个人转了半天，来到一棵很小的苹果树下，指定就要它结的果子。

农夫很奇怪，这棵树春天的时候生了虫子，结的苹果又干又小、又酸又涩，于是，农夫问他们为什么挑这棵树。

那两人回答说："我们要把这棵树结的果子带回去，告诉大家这是你的果园结出来的果子，为你做些宣传。"

农夫一听就急了，连忙摇手："不行不行！你们看我果园里的果子，都是又红又大、漂漂亮亮的。现在你们拿这些小青果子当代表，让大家以为我家的果子全这样，对我实在太不公平了。"

只听到对方有一人说："我们是×省人，来到这里想在果园后面的小河边开个榨油的小厂子，听乡邻们说你最讨厌×省人。少数几个人行为不端，你却骂整个×省人，对我们来说，也同样太不公平了吧？"

这位农夫恍然大悟，仔细想一下，自己的确做得不太对。

人都有自己的思想，思想是最活跃的，你不要妄想以自己的想法去雕刻别人，让别人来附和你的心愿，更不要指望对方摒弃以往的习惯与你合流为一。倘若你用公正的目光去看别人，你会发现其实每个人都是复杂的多面体，有优点，也有不足。

从自身的角度来说，我们需要尽力摒除那些影响整体印象的小"黑点"。很多时候，一个人的成败就取决于某些不为人知的细节，所以，注重那些影响我们成败的细节十分重要。

考查一个人，除了专业水平、业务能力外，有许多的用人单位还喜欢从侧面观察一个人，并对他做人做事的能力作出评价。国内一些最具影响力的中、外资企业高层，对于人才的要求，都有独到的见解。对正在求职的人来说，这是一个方向；对在职人员来说，这是一种警示。

很多大型集团的面试都设有好几个关卡、持续数日，由不同级别的领导分别审查。这不但是要考查求职者的任职资格，同时也是在考查他们有没有适应高度压力的精神和体力。还有的企业在面试后会有意留下一个空档期不联系求职者，就看这些人面试后是不是会主动打电话询问结果。这也是考查的一个环节，如果一个人对求职这么重要的事情都不能做到认真负责，企业就不会放心把重要的工作交给他。

生活中有许多细节，你也许不在意，但就是这些不起眼的细节，可以折射出你的人品，影响你的人缘，决定你的发展和未来。了解了"晕轮效应"对于我们工作生活的意义，相信你决不会再因为受它的负面影响而丢失一个能够展示自己的舞台。

第十三章

南风效应，
做事的风度就是做人的温度

在每个人的内心深处，对于他人，尤其是没有深度交往的陌生人，都有封闭、戒备的一面，同时，又有开放的一面——希望获得他人的关爱和信任。所以说，在社交场合最受人欢迎的人，大都是真诚坦率、自带温暖属性的人。

温暖待人，才会被温柔以待

在人际交往中，有一个叫"南风法则"的心理法则非常耐人寻味。"南风法则"也叫作"温暖法则"，它出自一则寓言故事。

凛冽的北风和温和的南风争论谁更有力量，于是它们进行了一场比试，看谁能先让路上的行人脱下外套。北风先发动攻势，它呼啸而来，结果行人为了抵御北风的侵袭，便把大衣裹得紧紧的。南风缓缓吹来，云散了，阳光透出来，行人因为觉得身上温暖，便解开纽扣脱掉大衣。南风获得了胜利。

肆虐的北风做不到的事情，温暖的南风却做到了。温暖是一种力量，"人心不是靠武力征服的，而是靠爱和宽容"。

在过去和现在的影星中，奥黛丽·赫本始终是一个独特的存在，世界各地的人都喜爱她，不仅因为她纯洁美丽的容貌，更因为她留给世人的爱。

奥黛丽·赫本曾经是联合国儿童基金会的亲善大使。赫本成为亲善大使后，访问的第一站是非洲的埃塞俄比亚，在这个充满战乱和灾难之地，赫本见到许多瘦骨嶙峋甚至处于死亡边缘的儿童，这对她触动很大。赫本说："我并不喜欢'第三世界'这个称呼，因为我认为我们都属于同一个世界。"

对于那些邋遢肮脏的孩子，赫本总是毫不迟疑地伸出双手，俯下身，把最亲切的笑脸留在孩子心里。

曾为赫本写下传记的巴里·帕里斯说："没有哪个电影演员像她这般令人尊敬，自身充满灵感，又能够激发身边的人。她与人为善，每个人都爱戴她，从没有人说过她一句坏话。在她和蔼、热情的外表下，是一颗更加和蔼、热情的心。"

人人都有爱与被爱的需要，感情的交流正是通过满足人们的基本需要来迎合人们的内心渴盼，因此它是一种最有效的交流工具。当你试着待人如己、多替他人着想时，你身上就会散发出一种善意，影响和感染着周围的人。这种善意最终会回馈到你自己身上——如果今天你从他人那里得到一份理解，很可能就是你在与人相处时遵守这条黄金定律所产生的连锁反应。

1754年，已升为上校的华盛顿率部驻防亚历山大市，当时正值弗吉尼亚州议会选举议员，有一个名叫威廉·佩恩的人反对华盛顿支持的一个候选人。有一次，华盛顿就选举问题和佩恩展开了一场激烈的争论，其间华盛顿失口，说了几句侮辱性的话。身材矮小、脾气暴躁的佩恩怒不可遏，挥起手中的山核桃木手杖将华盛顿打倒在地。华盛顿的部下闻讯而至，要为他们的长官报仇雪恨，华盛顿却阻止并说服大家，要他们平静地退回营地，表示一切由他自己来处理。翌日上午，华盛顿托人带给佩恩一张便条，约他到当地一家酒店会面。佩恩自然而然地以为华盛顿会要求他道歉，以及提出决斗的挑战，他料想必有一场恶斗。

到了酒店，情况大出佩恩所料，他看到的不是手枪，而是酒杯。华盛顿站起身来，笑容可掬，并伸出手来迎接他。"佩恩先生，"华盛顿说，"人都有犯错误的时候。昨天确实是我的过错。你已采取行动挽回了面子。如果你觉得已经足够，那么就请握住我的手，让我们做朋友吧！"

这件事就这样皆大欢喜地了结了。从此以后，佩恩成了华盛顿的崇拜者和支持者。

如果你想让一个人接受你和你的意见，首先你要让他认为你对他是非常友善的，是全心为他着想的。你不能强迫别人同意你的意见，但你可以用引导的方式，温和而友善地使他臣服。温和友善永远比激烈狂暴更有力量。

中国有句古语："得人心者得天下。"这句话一直闪烁着智慧的光芒。许多成大业者都有一种凝聚人心的超凡能力。他们能把不同背景、不同信仰、不同年龄、不同经历的人聚集在一起，建立共识、统一行动，这是非常了不起的。

与人相处，用真诚打动对方

真诚是最受欢迎的品质，任何人都喜欢与真诚的人打交道，也希望自己和对方能真诚交流。美国心理学家安德森做过一次前所未有的调查，他将500个描写人的形容词列在一张表中，让大学生被试们从中选出他们所喜欢的品质和所厌恶的德行。结果显示，最受欢迎的性格品质是"真诚"。在8个评价最高的形容词中，有6个是直接与"真诚"相关的，分别为：真诚的、诚实的、忠实的、真实的、信得过的、可靠的。而评价最糟糕的品质是撒谎、虚伪、作假和不老实。

由此可见，真诚是一种巨大的人格力量。一旦具备了真诚的人格品质，你在别人的印象中就会与守信、善良、美德结缘。

北宋词人晏殊素以说话真诚著称。他14岁时参加殿试，真宗出了一道题让他做，晏殊看过试题后说："我10天以前做过这个题目，草稿还在，请陛下另外出个题目吧。"真宗见晏殊这样真诚，感到他可信，便赐他"同进士出身"。晏殊在史馆任职期间，每逢假日，京城的大小官员常到外面吃喝玩乐。晏殊因为家贫，没有钱出去，只好在家里和兄弟们读书写文章。

有一天，真宗点名要晏殊担任辅佐太子的东宫官，许多大臣不解。真宗解释说："近来群臣经常游玩饮宴，只有晏殊和兄弟们闭门读书，如此自重谨慎，正是东宫官的合适人选。"晏殊向真宗谢恩后说："我也是个喜欢游玩饮宴的人，只是家里穷而已，如果我有钱，也早就参与宴游了。"真宗听了，越发赞叹他的真诚，对他更加信任。

在很多时候，有人会刻意给人留下好印象，他们和别人说话的时候总要故作高深，在交流的时候要么遮遮掩掩，要么就是讲一些看似深奥而实际上没有任何价值的东西。他们一厢情愿地认为自己掌握了沟通的技巧、了解了交流的秘诀，而实际上，这种做法非但不能博得别人的好感，反而会给人一种不诚实的感觉，别人会因为他们的不诚实而对他们产生不良印象，失去和他们继续交往的兴趣。

人与人相交要坦诚，古今中外许多名人都强调要为人真诚。俄国著名将领库图佐夫在给叶卡捷琳娜皇后的信中说："您问我靠什么魅力凝聚着社交界如云的朋友，我的回答是：'真实、真情和真诚。'"只有坦诚大方、开诚布公地说话，才能够获得别人的好感。

有一位刚刚上任的厂长在就职大会上对全体员工们说："能够成为咱们这个厂的厂长，我从心底里感到高兴！但是厂长并不好当，毕竟压力大、任务重。我想在座诸位心里也会想，这个新来的厂长到底能把厂子管理成什么样子。现在我向大家交个底儿，我既然来了，就准备把这个厂长长期干下去，绝对不会弄些表面工程'捞一把'就走人。我既然当了厂长，就非跟大家一块儿干出点儿名堂不可，咱们好比一根绳子上拴着的两只蚂蚱，飞不了你们，也蹦不了我……"这几句话平实、通俗，没有大道理，更没有表面的客套，但让人们听了都觉得心里很舒服，比那些长篇大论的官样文章好上许多倍。他的这一番话让一些对他持有观望和怀疑态度的人打消了顾虑，认为他是一个真心想干事的人。许多人都说："这个厂长是个实在人……""厂长很老实，我们跟着这样的厂长干，心里会很踏实……"

管仲曾经说过："善人者，人亦善之。"在和别人相处的时候，要想赢得对方的好感，首先要让自己成为一个诚实的人。因为，每个人都十分讨厌带有欺骗性质的花言巧语，渴望真情实感的交流，愿意和坦诚大方的人进行合作。毕竟，人是感情动物，有了诚挚的情感作为铺垫，你在对方心目中的印象分就会飞速上升。

真诚的人是让人信任的，一个真诚的人更容易博得众人的好感。在人群中建立真诚坦率的形象并不是很难，最基本的有以下3点。

1. 说话不隐瞒不矫饰

在和人交流的过程中，即使你和对方的意见和看法不一样，也不要隐瞒和矫饰，更不要随声附和，或者"拐弯抹角"。因为,这样不仅不利于和对方顺畅沟通,还会给人不诚实和生分的感觉。

2. 安慰并给予实际的帮助

当别人遇到困难的时候,给予亲切的安慰和实际的帮助更能体现一个人的真诚。当对方心情不好或者遇到麻烦的时候,如果你说的既不是安抚和宽慰对方的话,也不是帮助对方解决问题的建议,而是一些不着边际或者无关紧要的话,那别人肯定会觉得你是一个"事不关己,高高挂起"的冷漠者,这种印象一旦形成便很难被改变。

3. 站在别人的角度上思考

不要只想着从别人那里得到关怀,应该多为别人考虑。你在说一句话、作一个决定、做一件事情的时候,要尽量站在别人的角度上思考一下,顾及别人的感受,衡量别人的得失。只有这样,你才不会伤害到别人,而别人也会因此对你心怀感激。

每个人的思想深处都有内隐闭锁的一面,同时,又有开放的一面——希望获得他人的理解和信任。与人相交贵在以心换心,坦白、真诚、表露真心,如此,对方会感到你信任他,从而卸下猜疑、戒备心理,把你当作可以长期交往的朋友。

找到对方感兴趣的"共鸣点"

要想与人初交就受人欢迎，要有超强的亲和力才行。从心理学的角度看，亲和力是指"在人与人相处时所表现出的让人产生亲近感的能力"。只有真诚地爱别人，才能真正地亲近对方、关心对方，以此获得对方的认同、信任和喜欢。

那种浮于表面的热情洋溢，是很难受到别人认同的。要打开对方的心扉，你就要明白他的心思在哪里。一般来说，以对方所关心的人和事物展开话题，是一个很好的切入点。

每个人总是关心着自己最亲近的人，如果发现别人也在关心着自己所关心的人，大都会与之产生一种无比亲近的感觉。交际中，我们可以利用人们的这种共同心理倾向，从关心对方最亲近的人切入话题，拉近交际的距离。

李彬是个生意人，他起步晚，资本也不是很雄厚，但是他擅长交际，和方方面面的关系都很不错，这样一盘棋就走活了。

有一次，他应一个老同学之邀，参加一个私人饭局。老同学的客人，是一对没大没小的宝贝父子。

两杯酒下肚，气氛慢慢热络起来。那位客人对儿子笑骂道："你也不小了，却一天天东游西逛没正事，以后收收心，多跟我见见做生意的长辈，什么事都好好学着点儿。"

"你也不要说我。"儿子小张嘀咕道，"没见你去过什么正经场合！"

"你看看，你看看！"张老板气得拍桌子，"这么大了还没个规矩，强词夺理。"

李彬看他们乱成一团，于是说道："他们这一代的孩子，从小见识就广，肯定比我们这一代人有出息。我看这位小老弟就很活络，是经得了大场面的外交人才。"就着这个话题，李彬和张老板聊起了小张。别看张老板自己在酒桌上教子，看到有人关注自己的儿子，其实还是相当高兴的。通过这次饭局，李彬和张老板交上了朋友，生意上的事，他从张老板那里得到了不少帮助。

人与人的相互了解是形成亲和力的前提条件，而相互的了解则必须通过有效的沟通来实现。选择一些巧妙的时机，进行适当的活动，绝对有助于建立亲密的人际关系。例如，帮助对方的子女做点事，亲近对方敬仰或熟识的人，恰当地称赞对方，特别是当着别人的面称赞他等。

有位未上过门的女婿初次登岳父家门，发现岳父家的茶杯、茶壶、碗碟等用具都是非常精致的青花瓷器，马上就判断出老爷子喜欢什么，他便称赞说："这青花瓷器感觉古朴典雅，精致极了。"一句话，说得岳父高兴得合不上嘴，他们马上有了共同的话题，谈得非常投机。

要找到与他人的共鸣点并不是很难，首先你要看和你交谈的对象是谁。如果是你的客户，那么你的客户处于一个什么样的层次呢？如果对方是创业者，那么车、房、商业问题都是很好的交流话题。如果对方是同事，一般就是聊一些家常、杂志、新闻类的话题。此外，选择话题时还要注意选择对方擅长的话题，尤其是交谈对象有研究、有兴趣的话题。例如，年轻人对名人明星、通俗歌曲、电影电视的话题关注较多，而老年人对健身运动、饮食文化之类的话题较为熟悉；公职人员关注的多是时事政治、国家大事，而普通市民则更关注家庭生活、个人收入等；男人多关心事业、个人的专业，而女性对家庭、物价、孩子、化妆、服饰等更容易津津乐道。

选择话题，除了注意对方的需求外，还要小心避开对方的禁忌，尽量选择"安全系数大"的话题。每个人除了有若干"禁区"外，还存在"敏感地带"，谈话中都应当小心避开。例如，与不幸者忌谈他遭受的不幸往事，与失恋者忌谈爱情与婚姻问题，与残疾人的家属忌谈家中的那位残疾者等。有时，与医生、律师等专业人士交谈，在他们工作以外的时间里，不宜谈过分具体的专业话题，如什么病该怎么医治、什么纠纷该怎么处理等。同要人交谈，往往忌谈政治、宗教和性的问题。对于一些很难处理的"敏感话题"，一般要尽量避而不谈。

总之，在交际中抓共同语言、抓共同感兴趣的东西很重要，这样才会有话可说，从而能与对方深入地交往下去。

随和的人往往有更多的朋友

　　我们在与人交往时，一定要看清对方的身份，到什么山唱什么歌，这样才能顺利地被对方接纳。如果一开始你就不能与他人处于同等的地位，对方便很难对你产生好感。如果你摆出一副高人一等的样子，别人也会用同样的态度对待你。

　　一般说来，不要对一个无职业的人去传播什么领导艺术；对一个普通工人或农民，不要摆出知识分子的架子，否则满口之乎者也，肯定会让对方满头雾水，更别说会接受你了；要是遇见文化修养较高的人，也不能开口就一副江湖气，否则容易引起反感，更无法获得对方的信任和好感；在学术会议上，与会者都是专家教授，如果你仅仅是一个刚刚入门的初学者，却在会上夸夸其谈，班门弄斧，难免会跌跟头。

　　"一把钥匙开一把锁"，我们在与人说话交流时，一定要根据对方的身份选用不同的说话策略，这样你才能成为一个受人欢迎的人。事实上，越是那些伟大的人物，越是亲切随和接地气，无论在什么环境中都能收放自如。

　　想要拉近距离地交谈，还要求我们善于作感情的铺垫。人与人的交谈中总带有一些"废话"：陌生人相见有礼节性的客套，客人会面要寒暄一番，实质性的话常常用委婉的说法表达出来……这些看来无关紧要的"多余话"，却是交流时不可或缺的工具。

我们要学会在谈话的启动阶段对别人表现出关心的态度，所以嘘寒问暖的语言是必不可少的。例如，"好久不见，最近还好吗？""刚到一个新的环境还能适应吗？""刚到新单位，有什么需要我帮忙的吗？"也许类似这样的语句对于所要沟通的内容并没有什么实质上的帮助，但是这样的态度能让交谈的双方都感到放松、自然，这样，谈话才有了继续的可能。而好的氛围，往往会带来双方都满意的好结果。

与人交往时还要注意的一点是，交流不是你单方面地发表意见，要随时关心对方的反应，把握交流的"走向"。

1. 要保持愉快的情绪

在与别人相遇的瞬间，要迅速表现自己的愉快情绪；要争取主动，充分表现自己的良好愿望和真诚；要使对方感觉到你的问候是发自内心的，使对方受人尊重的心理需要得到满足。同时，积极的姿态也是富有自信、易于合作的外在体现，有利于融洽人际关系。另外，交谈时语调要和缓，声音要洪亮，脸上要带着微笑。

2. 要选择恰当的时机

交流前先分析对方当时的心情，再决定打招呼的方式和表情。例如，若对方情绪低落，你从其面部表情上就可以判断出来，此种情况下打招呼，声音不要太大，语言也不要太热情，要低调；或用询问式的语言、安慰的语气打招呼。如果对方脸上喜气洋洋，你便可热情地打招呼，使对方感到温暖，进而展开话题。

我们常常会听到周围有这样的评价：某某人做事真周到。这样的话，肯定是对那些善于日常应酬、做事圆满者的赞赏，同时也说明了被赞赏者是日常应酬的成功者。他们的秘密武器，就是永远合宜的言谈与态度。孔子说过要"上交不谄，下交不渎"，在与人交往时，要既不谄媚讨好位尊者，也不歧视冷落位卑者，端庄而不过于矜持，谦逊而不矫饰造作，充分显示出你的诚挚内心。

第十四章

热忱效应，
用饱满的热情去敲开他人的心扉

在心理学上，热情和冷漠是人类品质的中心，它们决定了其他一些相关联的品质。在人们的心目中，热情是和积极、愉快、活力等美妙的词汇联系在一起的。热情能带来幸运，因为人们都喜爱热情的人，并且对他们很宽容，容易满足他们的要求。

征服其心，善用热忱打动对方

在现实生活中，我们每个人都尝过被人冷落的滋味，这样的滋味很不好受。即便你是一个很热情的人，人际关系也很不错，当你到了一个新环境，也难免会有人对你不理不睬的，这时，你的心里就会产生落差感。面对这种情况，千万不要灰心，继续用你的热情，争取他人的好感吧。

齐小钰和李楠是两位刚从师范大学毕业的女学生，从都市来到偏僻的乡村学校支教。来到这里，她们却发现校长和同事们都觉得她们是来镀金的，并不太欢迎她们。她们很想和几位年龄相仿的女同事打成一片，可是大家总是找借口回避她们，使她们显得格格不入。

在这种情况下，李楠并不灰心。她主动接近别人，寻找相互了解的机会。遇到不懂的地方，主动谦虚地向别人请教。在相互的接触中，她注意真诚、平等地对待他人，热心地帮助有困难的同事，自己有困难时也同样求助于人。在合适的交谈机会中，她又使别人了解了自己的抱负、心愿，用实际行动缩短了她与同事间的心理距离，使他们较全面地了解了她，并开始接纳她。

李楠首先在那群年轻女教师中建立了较好的人际关系，进而通过她们接近其他人，很快就融入了这一圈子。可是和李楠一起来的齐小钰就不是这样，在学校，她的成绩一直名列前茅，为人也很骄傲，她不肯放下她的架子，对于别人的冷漠，她看在眼里记在心里，并且以同样的方式回报于人。一段时间过去了，李楠已经和大家打成一片，而齐小钰却仍是孤孤单单的一个人。李楠用她的热情化解了对方的排斥，齐小钰以冷对冷，结果，大家对她的态度也降到冰点。

当你对生活投入热情时，就表明你已在你的周围创造出成功意识，而这又会对他人产生更好的影响。你在这个世界上付出的热情越多，得到你想要的东西的可能性就越大。

小武是一家房产中介公司的经纪人，短短两年的时间，他的业绩已经是区域的第一名。他所负责的小区，无论是谁经过他身边时都会停下来和他打一个招呼、说两句话。很多人他都叫不上名字，但是大家都认识他——一个热情肯干的小伙子。

两年前，他刚涉足房地产行业，对一切都很茫然，不知所措。为此，他请教了前辈，知道了销售行业最最重要的就是人脉，客户是至关重要的，一个客户对你满意，才有可能给你介绍更多的客户。另外，就是推销自己，让大家都认识你。于是，他在小区挨家挨户地敲门，然后递上自己的名片，还有自购的一些小礼物。时常会有人骂他、给他脸色看，可是他总是笑脸相迎，谁能拒绝一个灿烂的微笑呢？他再三地拜访小区的住户，也时常帮助一些需要帮助的人，时间长了，他就渐渐地和小区的业主们熟悉起来了，业绩也就提高了，再到后来，大家买卖、租赁房屋时都愿意找这个年轻人。

很多人都不太善于同陌生人打交道，如当进入一个陌生环境的时候，大家都会不约而同地产生一种想法：那里的人对我将是一种怎样的态度，能不能顺利接纳我？

其实，所有的朋友都是从陌生到认识再到相互了解的。不要等待，一味地等待只能使你错失良机，你应该积极地一步一步地去做。

1. 从容应对

我们应该从容地面对别人对我们有意无意的排斥与观察，不必期待一脚就能踏进同事们旧有的圈子。若想尽快加入其中和他们打成一片，则必须有足够的热情和智慧。

你和新的同事之间本没有什么牢不可破的障碍，只不过因为陌生，或者仅仅因为你自己内心设置了屏障，所以，你才会感到他们的抗拒，实际上这种感觉未必是事实。只要你轻轻松松、大大方方地去面对，和同事们打成一片并不困难。

需要注意的是，你千万不要为了尽快进入别人的圈子而刻意改变自己来适应别人。这样做既没必要，又很累，还容易产生相反的效果。一段时间后，他们看出你的言不由衷，反而会鄙视你的为人，这倒不利于你融入集体之中了。

2. 私下接触更有爱

除了工作时间，业余时间也是你为尽快融入团体而努力的好时机。例如，你可以动动脑筋组织些有趣的聚会，或者真诚地邀请同一办公室的同事去你家玩，你亲手做上几道拿手好菜等，这些都是沟通思想、交流感情的好方法。

另外，在单位集体旅游或者度假时，要尽可能地活跃起来，跟大伙一块儿说说笑笑，真诚地显现出你的个性，真诚地表现出你的热心。一定不要独来独往、拒人于千里之外，否则会让同事们觉得你很难接触。

拿出你的热情，展现你的笑容，主动与人谈话，互致问候、探讨共同关心的话题等，这样，自然就能与大家说到一起去了。大家话匣子一打开，必然会你一言我一语，你作为其中的一员，趁机询问各自的情况，便会认识许多人，大家再进一步套近乎，你便很容易使这些人都成为自己的朋友。

行胜于言，让对方感到你的体贴关心

人们都有被尊重和被爱的需要，每个人都希望得到他人的尊重和爱护。当人们受到了关心，就会产生感恩之心，就容易听得进去意见和建议。当然，热情待人并非纯粹为了功利，我们要有"但去耕耘、不问收获"的心态，如此，收获往往会不请自来。

人都是感情动物，细心体贴永远不会错。这种先做朋友后谈事的行事方式，在各行各业都通用。人们对于初次接触的人总保持一定的警惕，若能把你们之间的距离拉近些，在良好的气氛中，打消人们固有的隔阂与顾虑，余下的事，则会水到渠成。

有一位客户开着自己的破旧汽车来到了一家汽车专卖店，他今天打算了解一下目前的汽车行情，再决定购买哪一款新型汽车。当他刚刚从自己的车子里出来的时候，一位汽车销售员就亲切地走到了他的面前。这并不新奇，因为几乎每一个高档的汽车专卖店都会提供这样的服务，而他们这样做的目的无非就是从客户的钱包中拿到钱而已。但是这位推销员并没有直接带领他去看汽车，而是从手中拿出一条白色的手帕，铺在客户那辆本来就想换的破旧汽车前，然后客气地说："请让我为您的爱车检查一下，以免出现了一些您没有注意到的小毛病。"说罢他就钻到了车底下。

没过一会儿，推销员从车底下钻了出来，然后边拍着沾满泥土的手帕边说："您的爱车一切都很正常，不过看样子确实是时间太久了一点，您今天是打算购买一辆新车吗？"客户看到那条被弄得肮脏不堪的手帕时，心里不禁十分感动，同时也对这位推销员的细心体贴感激不已。本来他并不打算马上换车，但是他看到这位推销员有这么好的服务精神和态度、有这么好的付出心态，便觉得跟他买车绝对不会有错，因此当下就换购了一辆新车。

人际关系亦即人缘，这种东西是要自己去创造的，并不会从天上掉下来。如果太客气、太内向，将失去许多和人接触的机会。许多人就是由于欠缺这种能力而在工作中困难重重、事事不顺。而有些人就非常会做人，每个与之交往的人都会感受他们的热情与体贴。这样的人，他一生的路应该会非常好走，因为他留给别人的美好印象会变成处处为他亮起的绿灯。

学会用热情去感染别人

心理学家认为,热情的人之所以被人们喜欢,是因为热情的品质包含了更多的个人内容,它让人们联想到与之相关的其他优良品质和特性。一旦我们被热情所吸引,我们就会认为热情的人真诚、积极、乐观。热情感染着我们的情绪,带给我们美妙的心境,让我们感到愉快和兴奋。

美国心理学家所罗门·阿希做过一个心理学上著名的实验,被称为"热情的中心性品质"实验。他列出有关人格的六项品质:聪明、熟练、勤奋、热情、实干和谨慎,呈现给一组被试者。同时,他给另一组被试者呈现几乎同样的六项品质,不同的仅仅是把"热情"换成了"冷漠"。然后,他要求两组被试者对表中的人作一次详细的人格评定,并让被试者说明,他们希望或认为这两组具有几乎相同品性的人具有什么样的其他品质。

答案出来了。仅仅是一个"热情"与"冷漠"的区别,具有"热情"品质的人,受到了被试者的衷心喜爱,人们慷慨地用各种优秀的品质描述他;而那个用"冷漠"代替了"热情"品质的人,遭到了人们的敌意和仇恨,被试者把各种恶劣的品质统统罗列在他的"冷漠"品质之下。

人际交往中的心理规则告诉我们，在良好印象的形成过程中，"热情"始终是第一个被对方感知到的品质。假设有这样两个人——他们都勤奋、实干，有着坚强的性格，做事果断、坚决又不失严谨，在所有人眼中，他们都是极为聪明的人，他们之间唯一的区别是，其中一位待人处世极其热情开朗，而另一位则是冷酷、不苟言笑的。那么，你会选择与谁交往？

许多人的答案都是：愿意与那个热情的人交往！原因就在于，每个人在人际交往过程中都会不知不觉地受到"中心性品质"原理这一心理法则的影响，而"热情"恰好是人的中心性品质之一。在人际交往中，要想使对方对你产生好感，给其留下深刻的印象，就不能忽视热情的感染力。

电视剧《乔家大院》里，乔家的当家人乔致广去世时，欠下累累外债，把乔家压得喘不过气来。乔致广的弟弟乔致庸正在太原府参加考试，这时也被火速召回家支撑门户。

乔致庸把乔家的宅院抵押出去，借来三万两银子准备重振家门。然而，屋漏偏逢连夜雨，强盗刘黑七盯上了这笔银子。唯一可以对抗刘黑七的人，是戴老英雄戴二闾，可是如今戴二闾正为母守孝，根本无意出山。乔致庸孤立无援，必须要得到戴二闾的帮助，于是他使出最后一招——陪戴二闾一起守孝。

即便这样，戴二闾仍然再三推辞。乔致庸既然下定决心来请人，就不会因被人拒绝而回头。他跪在戴二闾母亲坟前并不起身，道："老先生不愿出手相帮也在情理之中。不过即使老先生不出山，致庸也要守在这里。致庸不是非逼老先生出山不可，致庸守在这里，一来是无颜再见乔家死去和活着的人；二来致庸要用自己的诚心证明，天下孝道相通，必有互济之理。老先生若肯成全致庸的孝道，也必能为老先生的孝道增美！"

戴二闾闻言，眼中不觉泛出泪花，当下上前将致庸挽起道："乔东家起来吧，戴二闾答应你了！"

人与人相处，你的心意、态度够不够真诚，都将通过你的一言一行传递出去，这不仅会影响对方的心态情绪，而且会影响对方对合作的态度。只要你有意与别人交往，善于打开别人的心扉，一定会收到意想不到的效果。

人的情绪是会被感染的，如果你没有热情，你就不能打动人。人们喜欢能改善他们情绪状态的人。热情并不仅仅是外在的表现，它会在你的内心形成一种习惯，然后通过你的言谈举止不自觉地表现出来，从而影响他人。这种习惯没有什么可以阻止，它有助于你摆脱怯弱心理的羁绊，走向成功的坦途。

其实人与人是有差异的，每个人待人接物的方式方法都不一样，有的人给人的第一印象就是冷冰冰的，可是一旦你露出了你的热情，他也会立刻用他的热情来对待你。对于陌生的人，一般人的态度都不会很热情，所以，作为一个新加入群体的成员，关键就是看我们自己有没有诚心，是否想要真正地加入这个团体中。我们的热情会给人留下好的印象。一个人能否招人喜爱，就看他能不能获得别人的认同，恰到好处地处理好对方的情感需求，是得到对方认可和接纳的前提。

学会让沟通升温的聊天术

如果你认为能够轻松周旋于各种场合是某些人与生俱来的能力，而你天生就没有这种魅力、没有吸引人的基本条件，所以不能像他们一样，那你就大错特错了。因为你所说的这种魅力、这种条件本来就很少人有，而那些成功之人之所以成功，正是因为他们掌握了与人沟通的技巧。

缺乏这种技巧的人，即使心存友善，也很难传递给对方。

比尔和杰尼是新同事，互相都不熟悉，星期一早晨，他们聊了起来。

杰尼："上个周末我家可热闹了。我陪两个儿子练习了足球，我老婆的家人来到城里，我累惨了！真想好好休息一下。"

比尔："我很同情你。但是上个周末，我生病了，所以我有时间躺着看看电视，昨晚我看了一个有关林肯的纪录片，真的很棒！我从来都不知道……"

杰尼："真的吗？可惜我错过了。我其实更喜欢音乐。我看了关于爵士乐时代的录像，我十分喜欢那一类音乐。"

谈话就此结束，两个人都觉得很是郁闷。杰尼对历史知之甚少，当比尔谈到纪录片时，他感到不舒服，觉得自己很无知，如果继续这个话题，他的这些缺点将暴露无遗。所以，他改变了话题。而正因为杰尼打断了比尔的话，所以令比尔觉得杰尼很糟糕，也很粗鲁。

如果换一个方式，杰尼客气地问问比尔这个纪录片讲了什么，接着就可以顺势谈一些当年美国的情况或者电影的情况，这样，他就会有很多的空间可以发挥。但是，大家都没有掌握好这个方法，导致了这样不愉快的结局。

交谈时，避免冷场是谈话双方共同希望的。但不怕一万，就怕万一，对于冷场，你还是要有所准备。

"曲高和寡"会导致冷场，"淡而无味"同样也会引起冷场。如果你不善言谈，那么，你在交际场中便很容易陷入尴尬的局面。因此，要想在交际场上得心应手、游刃有余，有些小技巧必须要懂。

你可以通过转换话题的方式打破冷场。在转换话题时，你要提出一个对方感兴趣并有可能参与意见、发表看法的问题，或是开个玩笑，活跃一下气氛，再转入你要说的正题。这种方式情境性非常强，形式也最为多样，只要我们平时多观察周围的人和事，就能找到多种多样的话题。

火车的硬卧车厢里，大林发现对面的乘客起身后随手就把被子叠成了"豆腐块"，于是试探道："你一定当过兵吧？""嗯，刚退伍两年。""噢，算来咱俩还应该算是战友呢。你当兵时部队在哪里？"于是，两个陌生人交谈起来。他们发现，现在对方生活的城市里，都有自己当年一个连队的战友，这又把他们的关系拉近了很多。旅途快结束时，他们已经互相留了联系方式，成了朋友。

当我们对他人真诚地感兴趣的时候，自然就会去关注他的一举一动。而他的每一个细节都有可能是我们与他交谈的切入点。例如，你在公交车上看到有一个人提着一盆很特别的盆栽，你就可以说："哇，您的花真漂亮！它叫什么名字呢？"假如对方愿意说，局面便就此打开了，你便可以继续同他谈下去。而你要做的准备是，避免谈论自己的欲望，鼓励他人多谈论一下他自己。这样，在交谈中你会得到很多关于他的信息，而这就是进一步交往的基础。只有善于了解对方的情感和心理，才有可能正确地选择讲什么、不讲什么，使对方与你产生共鸣，使说话的气氛变得轻松愉快。

交谈是双方活动，只了解对方，不让对方了解自己，交谈同样难以深入。我们只有适时地插入交谈，把自己的情况主动有效地展示给对方，使交谈的对方能从我们"切入"式的谈话中获取信息，才能使双方更亲近。实际上这也符合"互补"原则，能够奠定"情投意合"的基础。

参考文献

[1] 德玛瑞斯，怀特，奥尔德曼.第一印象心理学[M].赵欣，译.北京：新世界出版社，2017.

[2] 周一南.第一印象心理学[M].苏州：古吴轩出版社，2019.

[3] 蔡万刚.第一印象心理学[M].北京：中国纺织出版社，2019.